桑叶饲料资源开发与利用

戴攀峰　文凤云　著

U0205529

化学工业出版社

·北京·

图书在版编目（CIP）数据

桑叶饲料资源开发与利用 / 戴攀峰，文凤云著 . —北京：
化学工业出版社，2023.6
ISBN 978-7-122-43127-1

Ⅰ.①桑… Ⅱ.①戴… ②文… Ⅲ.①桑叶－饲料－资源
开发②桑叶－饲料－资源利用 Ⅳ.① S888.3

中国国家版本馆 CIP 数据核字（2023）第 047077 号

责任编辑：邵桂林　　　　　　　　　　　　装帧设计：张　辉
责任校对：李露洁

出版发行：化学工业出版社（北京市东城区青年湖南街13号　邮政编码100011）
印　　装：北京天宇星印刷厂
850mm×1168mm　1/32　印张5¼　字数102千字
2023年6月北京第1版第1次印刷

购书咨询：010-64518888　　　　　　　　售后服务：010-64518899
网　　址：http://www.cip.com.cn
凡购买本书，如有缺损质量问题，本社销售中心负责调换。

定　　价：39.80元　　　　　　　　　　　　版权所有　违者必究

随着我国畜牧业规模化和集约化养殖水平的不断提高，对蛋白质饲料的需求量也在不断扩大。蛋白质饲料价格较高，在畜牧业饲料成本中占比较重，因此，开发新的蛋白质饲料原料迫在眉睫。为了保证饲料工业稳步发展，为发展畜牧业提供成本低、营养全面的配合饲料，我国的蛋白质饲料资源开发要首先解决资源严重浪费的问题，可以通过扩大资源来源以及合理利用现有资源等途径进行解决。

近10多年来，桑叶作为一种新型非常规饲料资源，被人们广泛关注。桑叶，又称神仙叶、铁扇子，是桑科落叶乔木桑的干燥叶子，原产于中国、韩国及日本，迄今为止全球已有50%的国家种植。《中国药典》记载桑叶具有疏风散热、润肺清燥、清肝明目等功效，主要用来预防和祛除风热感冒、肺热燥咳、头痛头晕和目赤昏花等病症。桑树的各部分在传统中药中使用已有数千年之久，尤其是桑树的叶、果、枝和根皮的效用，在2015年版《中国药典》中均有记载。我国是桑树种植大国，桑叶是桑树的主要产物，占其地上部分产量的64%之多，因此桑叶在我国具有极大的种质资源优势。自古以来，我国栽桑主要用于传统的养蚕业，但养蚕业的桑叶用量仅占少部分，大量剩余桑叶造成资源浪费，因此开发桑叶应用及发掘其经济价值是亟待解决的问题。桑叶丰富的营养价值特性，引起越来越多的行业关注，桑叶开发利用出现多元化，目前广泛应用在医药、食品、养殖等行业。

已有许多研究表明，桑叶粉以及发酵桑叶均能够显著提高动物生产性能，改善畜禽肉质。但桑叶中含有草酸、单宁等抗营养因子，过多添加反而会影响动物的生长。因此，本书对桑叶饲料资源的利用形式及使用量进行了介绍，旨在为桑叶饲料资源在畜牧养殖中的利用提供一定的参考。

因时间仓促，加之水平所限，书中不足之处在所难免，敬请各位同仁批评指正。

戴攀峰　文凤云
2023年2月于洛阳

目 录
CONTENTS

| 桑叶饲料资源开发与利用 |

第一章

桑叶的活性物质及其功能

一、桑叶的活性成分及营养价值

桑叶营养成分均衡且消化率高，以干物质为基础，含有16.3%粗灰分、20.1%粗蛋白、12%粗纤维、3.7%脂肪、47.9%糖类。桑叶富含多种氨基酸、维生素及矿物质，对维持动物正常的生长、发育、代谢及免疫等机能具有重要作用。目前桑叶中已鉴定或初步注释的代谢物有124种，包括44种黄酮类化合物、15种生物碱、17种氨基酸、9种溶血磷脂、11种维生素、4种多肽和其他几种代谢物（图1-1）。

研究发现，桑叶具有独特的药用价值，如抗病毒、抗衰老、抗血栓、降血压、抗肿瘤以及降血糖血脂等作用。桑叶中含有植物甾醇、黄酮类、生物碱类、多糖等功能性活性物质，其多糖成分具有提高动物机体免疫力、抗氧化、降血糖、降血脂、抗高血压、抗炎和舒张血管等多种生物活性。

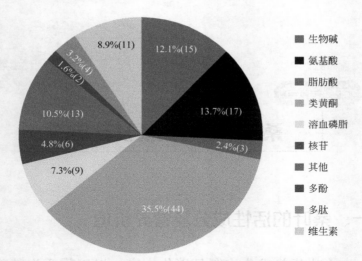

图1-1 MMHub（1.0）数据库中124种已鉴定/注释代谢物的分类
（括号中显示了每种分类中代谢物的数量）

　　桑叶中食物纤维的含量很高，并且桑叶中富含多种挥发油成分。挥发油具有镇咳、抗菌、消毒、抗微生物、提神、催眠、镇静等作用。桑叶中维生素的含量丰富，尤其是富含能维持机体免疫系统、抗氧化系统、脂肪和碳水化合物周转代谢系统正常以及应激活动所需的B族维生素及维生素C。此外，桑叶中所含γ-氨基丁酸是神经传导介质，具有降血压、抗动脉硬化和较强的抗炎作用。

　　桑叶中蛋白质含量较高，较禾本科牧草及豆科牧草分别高约90%和45%，与苜蓿蛋白质含量相近；具有作为新型蛋白质饲料的潜力。桑叶中氨基酸种类高达18种，其中谷氨酸（Glu）含量最高，占氨基酸总量的

13.7%，天冬氨酸（Asp）次之（12.3%），必需氨基酸占氨基酸总量的34.7%。桑叶中富含多种矿物元素，其中钾、钙、铁、锌、锰含量与玉米、苜蓿相比明显较高，说明桑叶作为饲料，对动物的生长发育具有重要意义。

鲜桑叶煎剂对钩端螺旋体具有一定的作用。桑叶中亚麻酸（ω-3型不饱和脂肪酸）含量很高，对心血管疾病及高血脂都有很好的预防和治疗作用，特别对动脉粥样硬化和血栓有非常好的治疗效果。亚油酸是人体必需脂肪酸，能促进胆固醇和胆汁酸的排出，减少血中胆固醇的含量。桑叶中几乎没有胆固醇。桑叶中的蜕皮激素能促进细胞生产，促进人体蛋白质合成，排出体内胆固醇，降低血脂。

二、桑叶多糖及其功能

1. 桑叶多糖的作用及其性质

多糖是桑叶的主要成分，具有广泛的药理作用，如免疫调节、抗肿瘤、抗凝血、抗氧化、降血糖等。多糖分子是由超过10个以上的单糖经糖苷键链接而成的高分子碳水化合物，分子上的半缩醛羟基具有还原性，与氧气发生氧化还原作用生成稳定的水，因此多糖对超氧自由基具有清除能力，并存在明显的剂量效应，从而起到抗氧化的作用。多糖通过清除超氧自由基，减少其诱导的氧化损伤，来延缓衰老，避免细胞损伤、死亡及组织伤害、细胞癌变。

桑叶多糖是一种天然抗氧化剂，价格低廉，安全无毒。高浓度桑叶多糖对大肠杆菌、沙门氏菌、金黄色葡萄球菌的活性都存在不同程度的抑制作用，并且纯化后抑菌作用明显增强。桑叶多糖溶液对·OH具有极强的清除作用，而且清除能力与浓度呈明显的量效关系。桑叶多糖可通过对自由基产生的抑制作用来抑制肝组织自氧化，从而达到保护肝组织的目的。桑叶多糖对DPPH·也表现出一定的清除作用。

2. 桑叶多糖对动物机体功能的影响

侯瑞宏等研究发现，桑叶多糖对小鼠的体液免疫功能、单核-巨噬细胞功能、细胞免疫功能等均有显著影响，说明桑叶多糖（Mulberry leave polysaccharose，MLP）具有免疫调节功能。桑叶多糖主要是利用其结构相似性和受体结合发挥生物活性，调节免疫器官释放相关细胞活性因子，进而提高机体免疫力。纯化的桑叶多糖组分MLP-II、MLP-I对胸腺和法氏囊的发育都具有促进的作用，说明桑叶多糖对雏鸡的免疫具有促进作用。陈洪亮研究表明，黄芪多糖、牛膝多糖、芦荟多糖能够显著提高肉鸡的法氏囊指数；李维研究表明，桑叶多糖能够有效增强小鼠的机体免疫力；张燕等研究发现白毛藤多糖能够显著提高三黄鸡雏鸡的免疫器官指数。此外，桑叶多糖能明显降低 H_2O_2 诱导的小鼠肝脏丙二醛（MDA）的形成和积累，并存在明显的剂量效应，表明桑叶多糖具有良好的抗氧化作用。桑叶多糖可能是通过清除氧自由基及抗脂质过氧化作用来降低血糖。

3. 桑叶多糖的生物活性研究

桑叶多糖中所含槲皮素、酚类化合物、维生素C等成分能通过抑制或清除自由基来避免氧化损伤。桑叶多糖具有似人参的补益与抗衰老、平稳神经系统功能的作用，还能缓和生理变化引起的情绪波动，增加体内超氧化物歧化酶（SOD）的活性，避免体内有害物质的生成。桑叶多糖可提高清除自由基酶的活力，降低组织中的脂褐质，延缓衰老。桑叶中的SOD能催化超氧阴离子自由基发生歧化而生成分子氧和过氧化氢，及时消除自由基，因而能保护机体不受自由基的伤害。桑叶中含有大量矿物质、食物纤维、粗脂肪及未被消化吸收的糖，进入大肠后，使肠内水分含量升高，粪便软化，加速肠道蠕动，从而改变肠道功能、防止便秘。桑叶多糖能抑制麦芽糖、蔗糖和乳糖等分解，小肠内没有被吸收的糖类进入大肠后，借助大肠内菌体的作用，引起发酵，产生 CO_2、H_2、丁酸、丙酸、乳酸等有机酸，促使肠道内环境变成酸性，抑制有害菌产生，缓解肠鸣、放屁、腹胀等腹部症状。

4. 桑叶多糖的应用

桑叶多糖具有抗氧化、提高免疫功能、有效提高畜禽生长性能、抗凝血、改善肠道微生物菌群等作用，可以有效提高畜禽整体生长性能，降低死亡率。近年来，随着饲料端抗生素的禁用，桑叶多糖作为一种天然、绿色、安全、有效的替代抗生素产品，在畜禽生产领域将会越来越受重视。目前对桑叶多糖提取方法和纯化的研究较多，但纯化工艺仍然比较繁琐，且损失较大，用量难以精确，不利于产业化。桑叶多糖多在仔猪和家禽上开展研究及应用，在育成猪、繁育母猪、家兔、反刍动物以及水产生物等方面的应用很少；桑叶多糖在猪、禽方面的研究也多集中在提高免疫性能方面，今后的研究可以扩大畜禽种类并对桑叶多糖的抗氧化、抗凝血等其他生物学功能进行深入研究。

桑叶作为新型饲料资源，具有蛋白质含量丰富、品质优良、饲养价值高等特点，其作为非常规饲料资源已在动物生产中取得了一定的研究进展，但其应用仍存在一些问题，如储存和应用方式不合理、在实际生产中资源利用率不高、新型抗逆品系蛋白桑尚未得到有效开发。微生物发酵可显著增强桑叶的适口性，增加动物采食量，提高营养物质的消化率。目前，在实际生产中，发酵桑叶常选用含有乳酸菌、酵母菌和枯草芽孢杆菌等多种有益微生物活性菌的单菌或复合菌剂进行发酵制备，有效降低了桑叶中不易消化的纤维物质及抗营养因子的含量，提高了桑叶的利用率，但其在不同动物、不同发育阶段的最适添加量及在动物体内的作用机理还需要进一步系统研究。

5. 桑叶多糖的提取方法

常见的桑叶多糖提取方法有稀碱浸提法、热水浸提法、超声波提取法、酶碱提取法、微波提取法等。

（1）稀碱浸提法　一些较大分子量的酸性多糖在热水中溶化较少，可应用碱水来提取。碱处理使多糖含量升高，提取易破坏多糖的立体组织和活性，取出液体后需要中和，程序复杂，较少应用。

（2）热水浸提法　热水浸提法是一种传统的浸提方法，在多糖的提取中应用广泛。该法的主要工艺流程为：取料—组织粉碎—水中加热提取—减压蒸馏—离心分离—取沉淀得粗糖。热水浸提法的好处是多糖得率较高、成率较低、没有污染并且安全可靠，是一种较为常用的方法，但是需多次浸提，且总得率仍然低，耗时费料。

（3）超声波提取法　提取时将桑叶多糖置于锥形瓶中，加入一定量提取溶剂，再将锥形瓶放入定量水的超声波发生器槽内，进行超声波提取。运用超声波产生的高频波动、高速度和强烈的"空化效应"及搅拌作用，可加快有效生物活性成分进入溶剂，从而提高提取率、减少提取时间、避免溶剂浪费，并可在低温下提取，有利于有效成分的保护。研究发现超声波提取的产量显著高于热水浸提法，且所消耗时间和提取次数均少于热水浸提法。同时，超声波提取法的设备也较为简单，具有广泛的应用前景。

（4）酶碱提取法　酶碱提取法是采用酶与热水浸提法相结合进行的，使植物细胞壁破裂，包括单一酶法、复合酶法。多糖易从细胞壁内释放；同时酶对植物细胞中游离的蛋白质具有水解作用，使其组织变得疏松；酶还会使糖蛋白和蛋白聚糖中游离的蛋白质水解，减少它们对原料的结合力，有利于多糖的浸出。复合酶法多采用一定比例的果胶酶、纤维素酶及中性蛋白酶，此法具有条件温和、杂质易除和提高得率等优点。

（5）微波提取法　微波提取法是指在天然药物有效成分的提取过程中加入微波场，利用微波的特点来增强有效成分浸出的新型提取方法。鉴于微波有极强的穿透性、较高的热效率和破碎植物细胞壁的能力，不但提高了提取效率、减少了提取时间，而且还能大大避免能源浪费。微波的快速高温处理可以使细胞内具有降解天然药物中有效成分的酶失活，从而使这些有效成分在提取时间内不会遭到破坏。因此，与传统的溶剂提取法比较，微波提取法具有受热均匀、高效、快速、安全、节能、设备简单、适用范围广、不产生噪声和污染等优点。

三、桑叶黄酮及其功能

1. 桑叶黄酮的作用及性质

黄酮类化合物是研究最早、最多的一类成分，其类型主要有黄酮、异黄酮、查尔酮等。许多化合物有异戊烯基取代，部分异戊烯基与邻位羟基环合，形成结构丰富的化合物。黄酮类化合物具有强抗氧化、免疫调节能力，还具有一定的孕激素和雌激素样活性，对提高动物生长、催乳都有很好的效果，还能显著增强动物对糖、脂肪和蛋白质三大物质的生化转化。

近期的研究发现，通过在饲料里添加黄酮化合物，可改善动物胃壁参数、调节采食以及肉质品质。黄酮类化合物是桑叶的主要功能性成分之一，桑叶黄酮（mulberry leaf flavonoids，MLFs）化合物是天然的抗氧化剂，可消除人体中超氧离子的自由基，具有抑制血清脂质升高和抑制动脉粥样硬化形成的作用，还能改善心肌循环、抑制胆固醇吸收，有降血压等功效。

2. 桑叶黄酮对机体组织的影响及其应用

黄酮类化合物广泛存在于植物中，Kubo等在研究酪氨酸酶抑制剂时，从天然植物中提取了许多可以抑制酪氨酸酶活性的物质，在检测后确定大部分是黄酮类化合物，之后测定了每种提取物对蘑菇酪氨酸酶的抑制活性，并研究了这种抑制活性的机理。刘德育等报道杨梅黄素和白菽素对酪氨酸酶具有显著的抑制作用。研究表明在银杏提取物中的黄酮类化合物不仅对酪氨酸酶有较强的抑制作用，而且还具有一些美容养颜、消炎杀菌、预防心脑血管疾病的功效。

周峰等研究表明，在一定浓度范围内，桑白皮总黄酮可明显减少糖尿病小鼠的血糖水平和大鼠模型中血糖、甘油三酯的含量，升高其肝糖原含量。Ajay等发现，桑叶中黄酮类化合物还能有效地抑制血清脂质的升高和动脉粥样硬化的产生。戚本明通过体外试验，发现黄酮类化合物对细菌、真菌等均有不同程度的抑制作用，有明显的抗微生物作用，如芸香苷及其衍生物对甲醛引起的关节炎及棉球肉芽肿诱发的大鼠足爪水肿等均有明显的抑制作用。张国刚等利用色谱技术分离鉴定了4种黄酮类化合物，并且对这4种黄酮类化合物进行体外抗病毒试验，发现桑白皮中分离得到的这4种化合物对流感病毒、副流感病毒、腺病毒、柯萨奇病毒等具有较好的抑制作用。

3. 桑叶黄酮的药理学作用

（1）抗氧化作用 MLFs能降低或消除自由基，增加超氧化物歧化酶（SOD）活性和提升细胞抗氧化能力，降低细胞和组织损伤，进而减少心脑血管疾病、糖尿病、癌症等其他疾病的发生，延缓衰老和延长寿命。Hosseinzadeh等研究发现，MLFs组分中的芦丁可抑制自由基对肝、胃肠道等的损害。Chon等研究了桑叶提取物中总酚含量与清除自由基能力的联系。结果表明，总酚含量越高，清除自由基能力越强。此外，还有研究表明，桑叶提取物经β-葡萄糖苷酶处理，槲皮素含量显著上升，胞内抗氧化能力上升。

（2）降血脂作用 研究表明，MLFs能改善小鼠的肠道环境，调节脂质代谢。Hu等通过大鼠试验，发现MLFs可以通过降低胆固醇的累积治疗肝类疾病。MLFs还可以抑制肠道内胆固醇的吸收，降低血脂浓度，减少高脂血症的发生。此外，MLFs可通过清除体内自由基、螯合金属离子、影响SOD活性来增加血管内高密度脂蛋白（HDL）与低密度脂蛋白（LDL）的比例，防止动脉粥样硬化。

（3）降血糖作用　MLFs可以抑制胰岛β-细胞凋亡，降低血糖摄入及血糖浓度。此外，MLFs可通过消除体内多余的自由基，增加SOD活性和提高细胞抗氧化能力来减少对肝脏和胰岛细胞的破坏，提高机体降血糖能力。据相关文献报道，MLFs可以调节糖代谢和治疗高血糖症。Kim等经体外降糖性能实验，发现MLFs可降低血糖活性。

（4）美白作用　MLFs可以通过抑制体内的酪氨酸酶活性，抑制酪氨酸转化为黑色素，起到美白作用。此外，MLFs可通过清除自由基和提高细胞抗氧化能力，减缓由自由基攻击细胞导致的衰老，延长寿命。邢凯等以MLFs为原料，制备了具有控油脂和美白效果的面膜，测试了其pH值、热稳定性、黏度、结构稳定性和刺激性。结果表明，面膜的pH值适宜、热稳定性较强、黏度适宜、结构稳定性良好、刺激性适宜，且感官性能评价优良，具有抑制皮肤油脂分泌、美白的功效。

（5）抗高血压　MLFs中的芦丁和槲皮素等成分具有维生素P样作用，可维持毛细血管的抵抗力、提高血管柔韧性、改善血管通透性，可起到抗高血压作用，同时还具有抗炎、利尿、降血脂等方面的作用。陈迎霞等开发了一种含MLFs的中药汤剂，可用于治疗由高血压引起的头晕，还可清热去火，安全性较好。

4. 桑叶黄酮的应用

黄酮类的药用具有诱人的前景，然而对桑叶黄酮的开发利用就远不比银杏黄酮。银杏黄酮国内外已研究多年，对它的提取工艺日趋成熟。桑叶黄酮的开发研究可参考银杏黄酮。桑叶中提取的黄酮化合物，主要用于治疗糖尿病及心血管疾病和抗肿瘤新药的开发，也作为保健品的添加剂，成为保健产品中最有价值的活性成分之一。桑叶黄酮类作为糖苷酶的一种抑制剂，会阻碍麦芽糖和蔗糖等二糖与α-糖苷酶的结合，抑制了二糖水解成葡萄糖，径直被送入大肠，进入血液中的葡萄糖减少，从而降低了餐后的血糖值。

黄酮类也是饲料中抗氧化剂最好的替代物。目前饲料中使用的大部分合成的抗氧化剂对动物和人有毒副作用（主要是致癌、致畸和致突变）。黄酮类化合物有很强的抗氧化作用，并且有些黄酮类化合物之间还有协同作用，可以作为很好的饲料添加剂。添加桑叶黄酮（MLFs）有助于断奶前后犊牛瘤胃发育。MLFs均对犊牛能量和蛋白质的利用产生了积极作用。MLFs作为雌二醇类似物，通过调节一些代谢关键酶的活性和表达，促使胃肠道消化酶分泌，提高犊牛饲粮能量与蛋白质消化利用率。

鉴于桑叶黄酮化合物在食品、饮料、酿造、饲料和日用化妆品、医药等领域的利用日益突出，随着提取和分离工艺的成熟，必将展现出广阔的应用前景。

5. 桑叶黄酮提取

黄酮类化合物的提取方法有多种，如溶剂提取法、微波辅助提取法、超声辅助提取法和酶提取法等，提取的桑叶黄酮化合物对酪氨酸酶具有很好的抑制作用。桑叶黄酮纯化前后对酪氨酸酶的抑制率差异非常明显。罗松明等利用超临界流体萃取技术提取小麦胚芽黄酮，结果表明黄酮含量显著提高，且黄酮的抗氧化活性增强。林春梅等利用聚酰胺柱色谱法分离纯化牛蒡叶总黄酮，结果显示其总黄酮的纯度得到很大提高。邓亚宁等利用聚酰胺纯化鬼针草总黄酮，结果表明该法纯化的效果比溶剂提取法好。目前桑叶黄酮提取方法主要有以下几种：

（1）乙醇浸提法　乙醇提取法为桑叶黄酮提取最常用的方法，在单因素影响条件下，用50%、60%、70%、80%乙醇提取，显示随着乙醇浓度提高，黄酮得率越高，乙醇浓度对黄酮的提取率具有显著影响。乙醇浸提时，提取温度对黄酮得率影响也较大。通过考察不同温度对黄酮类物质提取效率的影响，发现黄酮提取率随着温度的升高而升高。提取时间和料液比对黄酮提取影响的效果显示，随着时间的推移和料液比的增加，提取液中黄酮含量呈现上升趋势，但当到达一个临界点时，黄酮含量增加缓慢。这可能是因为黄酮从细胞内溶解到细胞外，在达到平衡之前，提取时间越长，料液比越大，溶出的越多，但达到溶解平衡后，此时再延长提取时间或增加料液比，则不能增加目的物质的溶出，反而杂质的溶出量增加。另外，提取次数对黄酮的得率也会产生影响。研究显示，随着提取次数的增加，黄酮提取率增加，但提取超过两次后，黄酮的提取率增加缓慢，以两次为最佳。因此，综合多个研究报道，乙醇浓度为70%，提取温度为80℃，料液比（1：20）～（1：30），提取时间为2.5h，提取2次，可保证高的黄酮得率。

（2）表面活性剂辅助提取法 具有双亲结构、能降低表面张力的表面活性剂加入溶剂中，可增强对天然产物有效成分的溶解能力，发挥增溶作用，提高浸出效能和萃取率。在桑叶黄酮提取工艺中，董树国等将桑叶按照1：30的料液比添加到1.5%Tween 80溶液中，浸泡2h后，80℃提取1.5h，提取2次，总黄酮提取率最大。

（3）超声辅助提取法 超声波具有独特的物理特性，能促使植物细胞组织破壁或变形，使中药有效成分提取更充分，且与传统方法相比，能大大缩短提取时间。苏伟等的研究结果显示，设计乙醇浓度80%、料液比1：30（g/mL）、超声时间75min、超声温度40℃，提取率可达2.7%。高中松等采用乙醇浓度70%、料液比1 ： 15（g/mL）、浸泡3h的浸提条件，再用超声波提取45min。结果表明，桑叶总黄酮得率提高到2.18%。杨青珍等改进以上浸提条件为80℃水浴2h、超声波处理35min，结果发现也可有效提高桑叶总黄酮的得率。在低温下超声提取中药材，对遇热不稳定、易水解或氧化的药材中有效成分具有保护作用，并且大大节省能耗。同时，超声提取中药材不受成分极性、分子量大小的限制，适用于绝大多数种类中药材和各类成分的提取，工艺运行成本相对较低。

（4）微波法　微波法是根据中草药中各种成分在溶剂中的溶解性质，选用对活性成分溶解度大、对不需要溶出成分溶解度小的溶剂，将有效成分从药材组织内溶解出来的方法。将微波法应用于桑叶黄酮的提取结果显示，用70%乙醇作为提取溶剂，料液比1 ： 12（g/mL），于60℃萃取20min，即可使桑叶总黄酮得率从传统的1.85%提高到2.87%。亦有将桑叶进行4min微波萃取，再用70%乙醇提取2h，桑叶黄酮的得率提高18.5%。微波辅助提取，没有高温热源，消除了热梯度，从而使提取质量大大提高，同时微波可以穿透式加热，提取时间可大大节省。微波提取没有热惯性，易控制，所有参数均可数据化，和制药现代化接轨，该技术已列为我国21世纪食品加工和中药制药现代化推广技术之一。

（5）超声-微波协同萃取法　也有研究将超声提取技术与微波提取技术协同萃取的方法应用于提取桑叶总黄酮的报道。如在超声微波提取功率400W、乙醇体积分数为65%、料液比为1∶10（g/mL）、提取时间为12min的条件下，桑叶总黄酮的提取率可达3.07%。可见在超声与微波协同作用下，桑叶黄酮的提取效率显著提升。

（6）超临界CO_2萃取法　在超临界状态下，将超临界流体与待分离的物质接触，使其有选择性地把不同极性、沸点和分子量的成分依次萃取出来。超临界CO_2流体萃取过程由萃取和分离过程组合而成。王昕宇等利用正交设计法研究了CO_2超临界萃取桑叶黄酮的最佳工艺，并与超声波提取法进行了比较。结果表明，提取的优化条件（以300g样品计）为压力35MPa，萃取物中黄酮含量达到7.68%，其效率远优于传统提取方法。超临界CO_2萃取法对中药有效成分的萃取能力强，工艺简单，操作方便，提取时间快，生产周期短。

（7）超声波辅助酶法提取　酶提取法也被用于桑叶黄酮的提取，但结果显示其总黄酮提取率不到1%。但若将超声辅助与酶提取法相结合，提取效率则大大提高。张丽霞等研究得出，当料液比1∶18（g/mL）、加酶量为0.8%、超声功率为200W、超声时间为10min、提取温度51℃、提取时间30.6h时，总黄酮提取率为

5.55%。其缺点是提取时间过长。在选择桑叶黄酮的提取方法时，应根据实际需要，尽可能选择降低生产成本、获得最佳黄酮提取率的方法。

四、桑叶生物碱及其功能

1. 桑叶生物碱的生理功能

桑叶中的生物碱是一种以1-脱氧野尻霉素（1-deoxynojimycin, DNJ）为主含有许多羟基的哌啶类生物碱，具有极强的α-葡萄糖苷酶抑制活性和极低的细胞毒性，体内试验证明它拥有显著的降血糖作用。这种哌啶类生物碱是一类具有氮元素并且在成环结构上拥有许多羟基的化合物，其结构与单糖类似。正是因为它的结构特殊，并且与单糖结构相同，因此在人体内很有可能将单糖取而代之，与α-葡萄糖苷酶结合，并且由于氮元素的存在或许会导致这种结合变得更强，因此达到了竞争性地抑制α-葡萄糖苷酶活性的作用，从而进一步影响了糖类化合物的代谢。

DNJ已被证实具有降脂、降糖等作用。研究已发现DNJ在体外模拟胃肠消化体系中具有非常强的抗氧化能力，同时也证实了该化合物在小鼠体内能增强小鼠的抗氧化能力，对小鼠体内大分子物质的氧化损伤具有改善作用。DNJ对氧化应激小鼠蛋白氧化损伤有较好的改善作用。DNJ能使氧化应激小鼠抗氧化酶活力逐渐恢复，进而达到消除机体中过量自由基的作用。这表明桑叶生物碱与其他生物碱化合物一样，对机体的蛋白氧化损伤具有较好的改善作用，且表现出显著的量效关系。

自1976年Yoshiaki等首次从桑根皮中分离得到1-脱氧野尻霉素以来，DNJ良好的生物学活性吸引着越来越多学者的关注。目前发现的含DNJ的植物中，桑中DNJ的含量最高，并且以桑叶最多。现有的研究表明，DNJ是桑和家蚕等降血糖功能的重要活性物质，其含量也是衡量桑、蚕药用价值的重要指标之一。目前对桑叶DNJ生物活性的研究主要集中在以下几个方面：

（1）降血糖活性　DNJ的降血糖活性已被广泛证实。作用方式包括抑制肠道α-1, 4-葡萄糖苷酶以及肝糖原脱支酶的α-1, 6-葡萄糖苷酶活性，从而降低低聚糖分解率。DNJ能够结合并抑制α-糖苷酶和淀粉酶，导致肝脏葡萄糖代谢以及餐后血糖降低。分子机制研究表明，DNJ通过减少参与跨上皮葡萄糖转运的蛋白质的表达，抑制肠道葡萄糖吸收。此外，DNJ还引起了肠道钠/葡萄糖协同转运蛋白（SGLT1）、Na^+/K^+-ATP和GLUT2（葡萄糖转运子2）mRNA和蛋白质表达的下调。DNJ的降血糖作用从另一项研究中也可以明显看出，DNJ通过激活高血糖模型小鼠骨骼肌中胰岛素信号PI3K/AKT通路，在改善胰岛素敏感性方面发挥了重要作用。在分化的

3T3-L1脂肪细胞中，脂联素及其受体能够有效降低血糖水平并改善胰岛素敏感性。DNJ（0.5μmol/L）能够显著上调脂联素及其受体（AdipoR1和AdipoR2）的表达水平、上调AMP依赖的蛋白激酶（AMPK）以及葡萄糖转运蛋白4（GLUT4）的mRNA表达，从而显著增强葡萄糖的摄取（图1-2）。

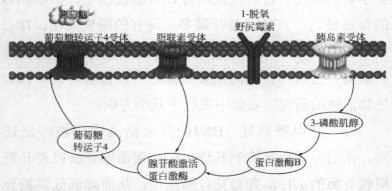

图1-2　DNJ通过脂肪细胞因子调控葡萄糖稳态途径（Qian Li，2019）

（2）抗病毒活性　有关DNJ的抗病毒活性也已被报道。其中一项研究报告显示，DNJ能够抑制人类免疫缺陷病毒（HIV）的传播。此外，Kang等还研究了DNJ（10mmol/L）对杆状病毒、家蚕核型多角体病毒（BmNPV）和加州自传多核型多角体病毒（AcMNPV）复制的影响。结果表明，DNJ对杆状病毒和BmNPV的复制没有影响，然而，AcMNPV的复制被抑制了67%，这是因为α-葡萄糖苷酶活性对DNJ的敏感性较高。可以认为，使用DNJ可能有助于对抗病毒感染，但有关DNJ抗病毒活性及其作用机制尚需要进一步研究。

（3）抗肥胖活性　已有文献表明，DNJ通过增强脂肪酸β-氧化作用并上调脂联素水平预防饮食引发的肥胖。脂联素水平上调可抑制肝脏脂质积聚，并抑制血清甘油三酯水平。有研究表明，$4\mu mol/L$ DNJ显著抑制脂肪生成。DNJ抑制脂肪的生成是通过ERK/PPAR γ受体信号通路而实现的。另一项研究基于枯草芽孢杆菌的DNJ对模型小鼠（C57BL/6小鼠）肝脏脂质代谢和线粒体状态的影响，12周的高脂饮食喂养后，对照组和HF（高脂饮食）+DNJ组小鼠没有出现体重增加，而HF组则出现了显著的体重增加。与对照组和HF+DNJ组相比，HF组的肝脏C/EBP α和CD36 mRNA呈现上调表达，另一方面，肝脏p-AMPK/AMPK和PGC-1β mRNA的表达水平也显著上调。3T3-L1的细胞水平研究发现，DNJ的安全浓度为$0.1 \sim 10\mu mol/L$，在DNJ处理的3T3-L1细胞中，IR、PI3K、Akt和脂联素基因以及蛋白水平的表达随着DNJ浓度的增加而增加，AMPK和GLUT4 mRNA表达以及葡萄糖吸收在$5\mu mol/L$ DNJ时达到最大值，然后随着DNJ浓度进一步增加至$10\mu mol/L$而降低。另一项研究表明，DNJ能够在3T3-L1前脂肪细胞分化后显著降低aP2、PPARγ和Pref-1的表达，同时上调UCP1、PRDM16和TMEM26的表达，减少脂质沉积。

DNJ（10mmol/L）处理10d后，pAMPK/AMPK值上调，表明高浓度DNJ可抑制前脂肪细胞分化过程中脂肪的生成，并通过激活AMPK促进前脂肪细胞向米色脂肪细胞的转化。

2. 桑叶生物碱的提取

药理研究表明，桑叶生物碱能促进肝糖合成，增强糖尿病动物糖的贮藏能力。DNJ除了通过对α-葡萄糖苷酶活性的抑制来控制血糖水平外，还对α-葡萄糖淀粉酶活性起到竞争性抑制作用。桑叶生物碱提取工艺的研究进展如下。

（1）传统提取法

①热水浸提。该法主要用于极性较大的多羟基生物碱的提取。研究表明，该类成分具有显著的降血糖作用。邓伟杰等利用正交试验设计研究了桑叶总生物碱的最佳提取工艺。以煎煮时间和加水量为考察因素，以总生物碱含量为评价指标，采用正交试验优选最佳水煎煮提取工艺条件。优选的最佳提取工艺为：用12倍量水煎煮1h。优选的工艺稳定、可行，桑叶总生物碱含量高。杨文宇等采用水提醇沉法，将桑叶加水煎煮、浓缩、放冷后加乙醇至含醇量达70%，静置过夜，滤取上清液，回收乙醇，再经732阳离子交换树脂富集，然后经正丁醇萃取、氧化铝柱层析、活性炭脱色等步骤得到

总生物碱。

②酸水浸提。该法用于提取难溶于水的弱碱性生物碱，通过使生物碱成盐增加溶解度，从而提高提取率。蒋小飞等采用正交试验，考察了提取液酸度、料液比、提取时间及提取次数对桑叶生物碱提取工艺的影响，通过高效液相衍生处理法对指标成分DNJ的含量进行检测。结果表明，不同提取液酸度和提取次数有显著差异，得到最佳的提取工艺为：提取液酸度0.3%、料液比1∶7（g/mL）、提取时间100min、提取3次。

③乙醇浸提。该法提取生物碱的极性范围较广，包括水溶性和脂溶性生物碱，但缺点是提出的杂质较多，生物碱纯化较困难。刘杰等在单因素试验基础上，采用正交试验进行了桑叶生物碱醇提工艺参数的优化。结果表明最佳提取工艺为：乙醇浓度60%（pH 2）、料液比1∶10（g/mL）、提取时间2h、提取温度80℃、提取2次。

（2）提取新技术

①超声提取。刘一衡等采用超声法提取新疆桑叶中的总生物碱。通过单因素和正交试验，研究了提取时间、提取温度、料液比、超声功率和乙醇浓度对生物碱提取效果的影响。优化工艺条件为：提取时间10min、提取温度60℃、料液比1∶20（g/mL）、超声功率800W、乙醇浓度60%。在此条件下，总生物碱含量为

4.64mg/g。该法具有简单、省时、高效的优点。

②微波萃取。胡瑞君等研究了利用微波萃取技术提取桑叶中DNJ的方法。以无菌过滤水为溶剂，以微波为辅助条件提取桑叶中的DNJ，考察了微波功率、微波处理时间、固液比和提取次数等因素对DNJ得率的影响，确定了最佳提取工艺条件为：微波功率406W，微波处理时间1.5min，固液比1∶40（g/mL），提取2次。

③树脂吸附。黄勇等研究了001*7和001*14.5两种阳离子交换树脂对桑叶生物碱的吸附与洗脱性能。结果表明，001*7阳离子交换树脂对桑叶生物碱的吸附与洗脱性能优于001*14.5阳离子交换树脂，该树脂能有效地从桑叶提取物中分离纯化生物碱。刘树兴等研究了4种大孔吸附树脂纯化桑叶中DNJ的工艺。桑叶用酸性乙醇提取，经浓缩、离心处理后，加适量10%三氯乙酸除去蛋白质，离心取上清液，以1.0BV/h的流速加入树脂柱。结果表明，XDA.6树脂更适宜桑叶DNJ的分离纯化，最佳工艺条件为：pH10、药液浓度0.352mg/mL、流速2.0BV/h。

④真空气流细胞破壁技术。孙长波等研究了真空气流细胞破壁技术（VAPB）对桑叶中生物碱提取率的影响。采用HPLC法，以1-脱氧野尻霉素为对照品，测定破壁与未破壁桑叶中的生物碱含量。结果破壁桑叶较未

破壁桑叶样品中生物碱含量的测定值高出74%。表明采用VAPB对桑叶进行提取前处理，可提高其有效成分的溶出率，更好地发挥其生物活性。

五、桑叶的其他活性物质

除多糖、黄酮及生物碱外，桑叶中还含有多种维生素以及激素。桑叶中丰富的维生素B_1有利于维持神经、心脏及消化系统的正常机能，可治疗多发性神经炎、心脏活动失调、胃机能障碍；维生素B_2有利于维持视网膜的正常机能，能治疗角膜炎、唇损伤、脂溢性皮炎等；维生素C能增强微血管的致密性，增加机体对感染的抵抗力。桑叶中含有较多的叶酸，它参与核酸的合成，有抗各种贫血和促进生长的作用，并能治疗胃癌、肠胃管道障碍、营养不良和疱疹性皮炎等，对人体健康意义重大。桑叶中含有的琥珀酸可使细胞活力正常化，不仅可以修复机体的损坏，还有活化细胞的功能。桑叶能延长果蝇的寿命，能提高老年大鼠红细胞内的SOD含量，从而能有效地清除生物氧化产生的超氧阴离子，并能降低老年大鼠大脑、脊髓组织脂褐质含量，表明具有延缓衰老的作用。桑叶中的蜕皮激素能促进细胞生长、人体蛋白质合成，排出体内胆固醇，降低血脂。

六、桑叶中的抗营养因子与微生物发酵

1. 桑叶抗营养因子的成分及含量

抗营养因子是植物在代谢过程中产生，以不同形式对机体吸收营养物质产生拮抗作用的物质，目前研究较多的有单宁、草酸、植酸、生物碱、皂苷等。以干物质为基础，桑叶含有不同的抗营养因子，包括草酸（183mg/100g）、氰化物（$1.01 \sim 2.14$mg/kg）、单宁（$5.32 \sim 5.78$mg/kg）和植酸盐（$451 \sim 488$mg/kg）等。单宁是桑叶中最主要的抗营养因子，它与畜禽口腔中的唾液蛋白、糖蛋白结合产生苦涩感，影响动物采食。单宁还能与饲料中的蛋白质等生物大分子物质结合，形成不易消化的复合物。单宁在畜禽体内能使消化酶失活，对肠道微生物具有广谱抑菌作用，并阻止钙、铁等离子的吸收，降低动物采食量。

桑叶中抗营养因子的存在极大地限制了其在动物养殖领域的应用发展。目前针对抗营养因子问题主要有两条解决途径，一是筛选抗营养因子降解菌株，利用微生物发酵降低抗营养因子；二是采用营养补充剂及酶制剂等，消除和降低饲料桑中抗营养因子的影响。但针对此两项研究目前国内外仍较少，尚未形成成熟的理论基础。因此，要更好地发挥桑叶的价值，需要准确检测桑叶中各种营养物质及抗营养因子的生物活性，并准确测定桑叶中有效养分的含量，在此基础上，通过大量的动物实验评估以及桑叶资源的深加工技术，使得桑叶资源能够更加高效、安全、优质、广泛地应用于畜牧业生产。

2. 桑叶的微生物发酵

微生物发酵可通过其生命活动改变桑叶中的营养成分组成及含量。桑叶经过微生物发酵后，大分子蛋白质被降解成小肽、可溶性蛋白质和游离氨基酸，其中非蛋白氮经微生物作用后可转化为菌体蛋白，提高真蛋白含量。桑叶中粗纤维含量较高，且含有单宁和植酸等，使饲料中抗营养因子含量超过畜禽耐受水平，影响畜禽生产性能和机体健康。诸多试验证明，木本植物经微生物发酵处理后，多肽和氨基酸含量升高，抗营养因子含量降低，并且富含益生菌、生物活性成分等多种有益产物。市场上常用细菌（乳杆菌、芽孢杆菌等）和真菌（酵母菌、霉菌等）作为发酵菌种。一般情况下，芽孢杆菌和米曲菌主要产生蛋白酶，乳酸菌和乳酸杆菌主要消除抗营养因子，而木霉和根霉对活性成分进行优化。

◆ 主要参考文献 ◆

[1] 蔡明. 桑叶作为动物饲料的安全性及饲用价值评价研究 [D].
兰州大学, 2019.

[2] 曹美琪, 贺成, 李卫东. 蛋白桑与传统桑叶片中蛋白质和主
要药效成分含量的差异比较 [J]. 中南药学, 2020, 18 (4):
651- 655.

[3] 曾卫湘, 郑莎, 韩冷, 等. 53份桑种质桑叶的药用品质综合评
价 [J]. 蚕业科学, 2018, 44 (6):905-915.

[4] 曾艺涛, 丁晓雯, 黄先智, 等. 1-脱氧野尻霉素对不同性别
小鼠脂代谢产生影响的途径 [J]. 蚕业科学, 2015, 41 (2):
349-353.

[5] 曾艺涛, 秦樱瑞, 杨娟, 等. DNJ对糖脂代谢机理的影响研究
进展 [J]. 食品工业科技, 2013, 34 (22): 381-384.

[6] 曾卫湘. 53份桑叶资源的药用品质评价 [D]. 西南大学,
2017.

[7] 陈洪亮. 植物多糖的制备及对肉仔鸡免疫功能影响的研究 [D].
北京:中国农业科学院, 2002.

[8] 陈文燕, 陈拥军, 彭祥和, 等. 罗非鱼低鱼粉饲料中桑叶发酵
蛋白替代鱼粉的研究 [J]. 动物营养学报, 2015, 27 (12):
3968-3974.

[9] 程妮, 刁维毅. 桑叶的营养特性及其在畜牧业中的应用 [J].
饲料工业, 2005, (17): 49-51.

[10] 丁鹏, 李霞, 丁亚楠, 等. 饲料桑粉对宁乡花猪生长性能、

肉品质和血清生化指标的影响 [J].动物营养学报，2018，30 (5)：1950-1957.

[11] 杜周和，刘俊凤，左艳春，等.桑叶的营养特性及其饲料开发利用价 [J].草业学报，2011，20 (5)：192-200.

[12] 方飞，吴新荣，等.桑叶降糖有效部位及其作用机制的研究进展 [J].医药导报，2011，(8)：30-32.

[13] 付建红，祁瑞，郑静，等.桑叶黄酮抑制酪氨酸酶活性的动力学研究 [J].日用化学工业，2014，44 (10)

[14] 国家药典委员会.中华人民共和国药典 [M].北京：中国医药科技出版社，2015.

[15] 何新苗，孟磊，李欣，等.药桑叶多糖的体外抗氧化性研究 [J].新疆医科大学学报，2018，41 (6)：747-750.

[16] 何余堂，潘孝明.植物多糖的机构与活性研究进展 [J].食品科学，2010，31 (17)：493-496.

[17] 韩爱芝，王丽君，贾清华，等.药桑叶多糖提取工艺优化及其降血糖活性研究 [J].中国酿造，2017，36 (8)：139-143.

[18] 侯瑞宏，廖森泰，刘凡，等.桑叶多糖对小鼠免疫调节作用的影响 [J].食品科学，2011，32 (13)：280-283.

[19] 黄静，邝哲师，刘吉平，等.桑叶在动物饲料的应用研究现状与发展策略 [J].蚕业科学，2014，40 (6)：1114-1121.

[20] 黄进，杨国宇，李宏基，等.抗氧化剂作用机制研究进展 [J].自然杂志，2004 (2)：74.

[21] 季涛，宿树兰，郭盛，等.桑叶防治糖尿病的效应成分群及其作用机制研究进展 [J].中草药，2015，46 (5)：778-784.

[22] 金丰秋，金其荣.新型功能性饮品-桑茶 [J].食品科学，2000，21 (1)：46-48.

[23] 李名洁，李昌瑜，王泽霞，等.桑不同药用部位降血糖有效成分及作用机制研究进展 [J].广东化工，2020，47

(9):117-119.

[24] 李维. 桑叶多糖对小鼠免疫调节作用的影响 [J]. 江西农业，2016 (13):110-111.

[25] 李霞，刘耕，肖建中，等. 桑叶蛋白营养价值与开发利用 [J]. 四川蚕业，2019，47 (3): 15-17.

[26] 李向荣，方晓，俞灵莺. 桑叶黄酮抗氧化及抑制蛋白糖基化作用 [J]. 浙江大学学报 (农业与生命科学版)，2005，31 (2): 203-206.

[27] 林春梅. 聚酰胺色谱柱法分离纯化牛蒡叶中的总黄酮 [J]. 食品与发酵工业，2014，40 (2):236-238.

[28] 刘冬恋，廖梦玲，周欢，等. 桑叶总黄酮对T2DM大鼠骨骼肌糖代谢及GSK-3β表达的影响 [J]. 食品研究与开发，2018，39 (19): 31-35.

[29] 刘琼，刘菊香，吴朝华，等. 桑叶总碱降糖胶囊联合控制饮食运动疗法治疗2型糖尿病等效性随机平行对照研究 [J]. 实用中医内科杂志，2013，27 (4): 24-27.

[30] 马恒甲，刘新轶，谢楠，等. 桑叶粉在草鱼饲料中的应用初探 [J]. 杭州农业与科技，2013 (3): 29-30.

[31] 潘伟彬，黄毅斌. 植物单宁及其对牧草品质的影响研究进展Ⅲ. 单宁对牧草品质和反刍动物养殖的影响 [J]. 热带农业科学，2008，28 (4): 86-92.

[32] 任元元，康建平，黄静，等. 复合菌种混合发酵提高桑叶蛋白利用率的研究 [J]. 食品与发酵科技，2016，52 (1):20-23.

[33] 沈黄冕，彭祥和，林仕梅，等. 发酵桑叶对高脂血症罗非鱼血脂、血糖水平的调节作用 [J]. 动物营养学报，2016，28 (4): 1250-1256.

[34] 孙玲. 桑叶的化学成分、研究方法及药理活性研究进展 [J]. 临床合理用药，2012 (10):178-179.

［35］苏海涯，吴跃明，刘建新．桑叶中的营养物质和生物活性物质［J］．饲料研究，2001（9）：1-3.

［36］王世宽，张代芳，陈欲云．桑叶多糖提取及抑菌实验研究［J］．四川理工学院学报（自然科学版），2016，29（6）：1-5.

［37］王昌永．桑叶粉对鹅饲用价值的研究［D］．华南农业大学，2016.

［38］王芳，乔璐，张庆庆，等．桑叶蛋白氨基酸组成分析及营养价值评价［J］．食品科学，36（1）：225-228.

［39］王玲，曾艺涛，黄先智，等．1-脱氧野尻霉素对肥胖小鼠脂代谢的影响及机理［J］．食品科学，2017，1-7.

［40］王建芳，陈芳．桑叶的营养成分及在饲料中的应用［J］．中国饲料，2005（12）：36-37.

［41］吴浩，孟庆翔．桑叶的营养价值及其在畜禽饲养中的应用厂［J］．中国饲料，2010（13）：38-43.

［42］徐丹，唐子婷，王雪丹，等．发酵桑叶生物活性成分含量变化研究［J］．饲料研究，2017（20）：45-49.

［43］徐万仁．利用桑叶作为家畜饲料的可行性［J］．中国草食动物，2004，（05）：39-41.

［44］徐玉娟，廖森泰，肖更生，等．蚕桑功能食品研究与开发进展［J］．中国食品学报，2006（1）：417-421.

［45］徐爱良，熊湘平，文宁．桑叶的现代研究进展．湖南中医学院学报，2005，25（2）：60.

［46］姚佳，乔迪，郭鑫，等．桑叶中1-脱氧野尻霉素对糖尿病肾病大鼠的治疗作用［J］．中国临床药理学与治疗学，2018，23（5）：517-523.

［47］杨超英，董海丽，纵伟．桑叶的化学成分及在食品工业中的应用［J］．食品研究与开发，2003，（4）：8-10.

［48］杨忠敏，王祖文，沈以红，等．食源性桑叶生物碱在模拟胃

肠消化过程中的抗氧化及抗蛋白、DNA 氧化损伤 [J]. 食品与发酵工业，2019，45 (8): 36-43.

[49] 杨忠敏，王祖文，黄先智，等. 桑叶生物碱对 D- 半乳糖诱导小鼠生物大分子氧化损伤的改善作用及机理 [J]. 食品科学，2020，41 (5): 135-142.

[50] 瞿绍明. 几种植物提取物对酒精性肝损伤的保护作用研究 [D]. 湖南农业大学，2013.

[51] 张国刚，黎琼红，叶英子博，等. 桑白皮抗病毒有效成分的提取分离及体外抗病毒活性研究 [J]. 沈阳药科大学学报，2005，22 (3): 207-209.

[52] 张琳华. 桑叶多糖提取分离纯化工艺的研究及其结构性质的初探 [D]. 天津大学，2005.

[53] 张晓静，刘会东. 植物多糖提取分离及药理作用的研究进展 [J]. 时珍国医国药，2003，14 (8):495-496.

[54] 周峰. 桑白皮总黄酮的提取及其对糖尿病动物作用的初步研究 [D]. 重庆医科大学，2010.

[55] Adeduntan S A, Oyerinde A S. Evaluation of chemical and antinutritional characteristics of obeche Triplochition scleroxylon and some mulberry Morus alba leaves [J]. Int J Biol Chem Sci, 2009, 3 (4): 681-687.

[56] Afinah S, Yazid A M, Anis Shobirin M H, et al. Phytase: application in food industry [1]. Int Food Res, 2010, 17: 13-21.

[57] Asano N, Nash R J, Molyneux R J, et al. Sugar-mimic glycosidase inhibitors: natural occurrence, biological activity and Prospects for therapeutic application[J]. Tetrahedron: Asymmetry, 2000, 11 (8):

1645-1680.

[58] Asano N, Kizu H, Oseki K, et al. N-alkylated nitrogen in the ring sugars: conformational basis of inhibition of glycosidases and HIV-1 replication [J] . J Med Chem, 1995, 38 (13): 2349-2356.

[59] Asano N, Oseki K, Tomioka E, et al. N-containing sugars from *Morus alba* and their glycosidase inhibitory activities. Carbo hydr Res, 1994, 259 (2), 243-255.

[60] Asano N, Tomioka E, Kizu H, et al. Sugars With nitrogen in the ring isolated from the leaves of Morus bombycis. Carbo hydr Res, 1994, 253: 235-245.

[61] Asano N, Yamashita T, Yas K, et al. Polyhydroxylated alkaloids isolated from mulberry trees (*Morus alba* L.)and silkworms (*Bombyx mori* L.). J Agric Food Chem, 2001, 49 (9): 4208-4213.

[62] Arumugam S, Mito S, Thandavarayan R A, et al. Mulberry leaf diet protects against progression of experimental autoimmune myocarditis to dilated cardiomyopathy via modulation of oxidative stress and MAPK-mediated apoptosis [J] . Cardiovascular therapeutics, 2013, 31 (6): 352-362.

[63] Ayakumar T, Ramesh E, Geraldine P. Antioxidant activity of the oyster mushroom, *Pleurotus ostreatus*, on CCl4-induced liver injury in rats [J] . Food and Chemical Toxicology, 2006, 44 (12): 1989-1996.

[64] Cai D, Liu M, Wei X, et al. Use of Bacillus amyloliquefaciens HZ-12 for high-level production of the blood glucose lowering compound,

1-deoxynojirimycin, and nutraceutical enriched soybeans via fermentation [J] . Applied biochemistry and biotechnology, 2017, 181 (3): 1108–1122.

[65] Chen G H，Tong J J, Wang F, et al. Chronic adjunction of 1-deoxynojirimycin protects from age-related behavioral and biochemical changes in the SAMP8 mice [J] . AGE, 2015, 37 (5):1–24.

[66] Chen C, You L J, Abbasi A M, et al. Characterization of polysaccharide fractions in mulberry fruit and assessment of their antioxidant and hypoglycemic activities in vitro [J] . Food Funct, 2016, 7 (1): 530–539.

[67] Chon S U, Kim Y M, Park Y J, et al. Antioxidant and anti-proliferative effects of methanol extracts from raw and fermented parts of mulberry plant (*Morus alba* L.)[J]. European Food Re-search and Technology, 2009, 230 (2):231–237.

[68] Gow-Chin Yen. Extraction and identification of antioxidant components from the leaves of mulberry[J]. JAgri Food Chem, 1996, 44, 1687–1690.

[69] Hassan F U, Arshad M A, Li M, et al. Potential of mulberry leaf biomass and its flavonoids to improve production and health in ruminants: mechanistic insights and prospects [J] . Animals, 2020, 10 (11):2076–2889.

[70] Horng C T, Liu Z H, Huang Y T, et al. Extract from Mulberry (Morusaustralis) leaf decelerate acetaminophen induced hepatic inflammation involving

downregulation of myeloid differentiation factor 88 (MyD88) signals [J] . Journal of Food and Drug Analysis, 2017, 25 (4): 862–871.

[71] Hosseinzadeh H, Nassiri-asl M. Review of the protective effects of rutin on the metabolic function as an important dietary flavonoid [J] . Journal of Endocrinological Investigation, 2014, 37 (9):783–788.

[72] Hu Y C, Xu JQ, Chen Q, et al. Regulation effects of total flavonoids in *Morus alba* L. on hepatic cholesterol disorders in orotic acid induced NAFLD rats [J] . BMC Complementary Medicine and Therapies, 2020, 20 (1):257.

[73] Huang L, Heinloth A N, Zeng Z B, et al. Genes related to apoptosis predict necrosis of the liver as a phenotype observed in rats exposed to a compendium of hepatotoxicants. BMC Genomics, 2008, 9: 288.

[74] Jean D W, Jean W, Luc M M, et al. A-glucosidase inhibitory and antioxidant acridone alkaloids from the stem bark of Oricio Psis glaberrima ENGL. (*Rutaceae*) [J]. Chem Pharm Bull, 2006, 54 (3):292– 296.

[75] JEON B T, KIM K H, KIM S J, et al. Effects of mulberry (*Morus alba* L.) silage supplementation on the haematological traits and meat compositions of Han WOO (*Bos taurus coreanae*) steer [J] . African Journal of Agricultural Research, 2012, 7 (4): 662–668.

[76] Jeszka-Skowron M, Flaczyke E, Jeszka J, et al. Mulberry leaf extract intake reduces hyperglycaemia in Streptozoto-cin (STZ)-induced diabetic rats fed high-

fat diet [J]. Journal of Functional Foods, 2014, 8:9−17.

[77] Kang J, Wang R, Tang S, et al. Chemical composition and in vitro ruminal fermentation of pig eonpea and mulberry leaves [J]. Agroforest Syst, 2020, 94 (4): 1521−1528.

[78] KIM G N, JANG H D. Effect of enzyme treatment with β−glucosidase on antioxidant capacity of mulberry (*Morus alba* L.) leaf extract [J]. Food Science &. Biotechnology, 2010, 19 (5): 1341−1346.

[79] Kim J Y, Chung H I, Jung K O, et al. Chemical profiles and hypoglycemic activities of mulberry leaf extracts vary with ethanol concentration [J]. Food Science and Biotechnology, 2013, 22 (5): 1−5.

[80] Kubo I, Yokokawa Y, Kinst−Hori I. Tyrosinase inhibitors from Bolivian medicinal plants [J]. Journal of Natural Products, 1995, 58 (5):739.

[81] Kurniati N F, Suryani G P, Sigit J I. Vasodilator effect of ethanol cextract of mulberry leaves (*Morus alba L.*) in rat and rabbit [J]. Procedia Chemistry, 2014, 13: 142−146.

[82] Kuriyama C, Kamiyama O, Ikeda K, et al. In vitro inhibition of glycogen−degrading enzymes and glycosidases by six−membered sugar mimics and their evaluation in cell cultures [J]. Bioorganic & Medicinal Chemistry, 2008, 16 (15): 7330−7336.

[83] Li Y G, Zhong S, Yu J Q, et al. The mulberry−derived 1−deoxynojirimycin (DNJ) inhibits high−fat diet (HFD)−induced hypercholesteremia and modulates the gut microbiota in a gender−specific manner [J]. Journal of

Functional Foods, 2019, 52: 63-72.

[84] Li M J, Li C Y, Wang Z X, et al. Advances in anti-diabetes mechanism of active components in *Morus alba* L. extract [J]. Guangdong Chemical Industry, 2020, 47 (9):117-119.

[85] Liu D L, Liao M L, Zhou H, et al. Effect of total flavonoids of mulberry leaves on glucose metabolism and the expression of GSK-3β in the skeletal muscle of T2DM rats [J]. Food Research and Development, 2018, 39 (19):31-35.

[86] Liu Q, Li X, Li C, et al. 1-Deoxynojirimycin alleviates liver injury and improves hepatic glucose metabolism in db/db mice [J]. Molecules, 2016, 21 (3): 279.

[87] Niwa T, Inouye S, Tsuruoka T, et, al. "Nojirimycin" as a potent inhibitor of glucosidase [J]. Agric Biol Chem, 1970, 34 (6):966.

[88] Ren C, Zhang Y, Cui W, et al. A polysaccharide extract of mulberry leaf ameliorates hepatic glucose metabolism and insulin signaling in rats with type2 diabetes induced by high fat -diet and streptozotocin[J]. Int J Biol Macromol, 2015, 72 (9): 951-959.

[89] Sunkara P S, Bowlin T L, Liu P S, et al. Antiretroviral activity of castanospermine and deoxynojirimycin, specific inhibitors of glycoprotein processing [J]. Biochemical and biophysical research communications, 1987, 148 (1): 206-210.

[90] Sun X F, Yamasaki M, Katsube T, et al. Effects of quercetin derivatives from mulberry leaves: improved

gene expression related hepatic lipid and glucose metabolism in short-term high-fat fed mice [J]. Nutr Res Pract, 2015, 9 (2): 137-143.

[91] Tsuruoka T, Fukuyasu H, Ishii M, et al. Inhibition of mouse tumor metastasis with nojirimycin-related compounds[J]. The Journal of antibiotics, 1996, 49 (2): 155-161.

[92] Verghese M, Rao D R, Chawan C B, et al. Anticarcinogenic effect of ph" ic acid (IP6): apoptosis as a possible mechanism of action [1]. LWT- Food Sci, 2006, 39 (10): 1093-1098.

[93] Vichasilp C, Nakagawa K, Sookwong P, et al. Development of high 1-deoxynojirimycin content mulberry tea and use of response surface methodology to optimize tea-making conditions for highest extraction [J]. LWT -Food Science and Technology, 2012, 45 (2):226-232.

[94] Wen C, Lin X, Dong M, et al. An Evaluation of 1-Deoxynojirimycin Oral Administration in Eri Silkworm through Fat Body Metabolomics Based on 1H Nuclear Magnetic Resonance [J]. BioMed research international, 2016, 2016:4676505.

[95] Xiao B X, Wang Q, Fan L Q. Pharmacokinetic mechanism of enhancement by Radix Pueraria flavonoids on the hyperglycemic effects of Cortex Mori extract in rats [J]. J Ethnopharmacol, 2014, 151 (2):846-851.

[96] Yang N C, Jhou K Y. Tseng C Y. Antihypertensive effect of mulberry leaf aqueous extract containing γ-

aminobutyric acid in spontaneously hypertensive rats [J]. Food Chemistry, 2012, 132 (4): 1796-1801.

[97] Yang J H, Linb H C, Maub J L. Antioxidant properties of several commercial mushrooms [J]. Food Chemistry, 2002 (77):229-235.

[98] Zhong Y Z, Song B, Zheng C B, et al. Flavonoids from mulberry leaves alleviate lipid dysmetabolism in high fat diet-fed mice:involvement of gut microbiota [J]. Microorganisms, 2020, (6):860.

第二章

蛋白质饲料资源开发利用

　　桑叶用作畜牧业饲料具有明显的优点，一方面既可以改变传统的蚕桑产业结构，提高行业的经济效益；另一方面桑叶作为饲料既可用作家畜的基础性营养物质，也可作为非常规蛋白质饲料的替代品，同时桑树种植具有明显的生态效益，符合可持续发展的需要，因此桑叶用作饲料具有很好的前景。但桑叶在畜牧业中的应用技术研究才开始起步，在桑叶用作饲料的功效、机理上尚缺乏基础与系统的研究，需要相关领域科研人员联合攻关；实验方法与实验技术有待进一步探索与完善；适宜用作饲料的桑品种及配套栽培技术措施研究也有待开展。

一、国内外蛋白质饲料资源

　　随着我国畜牧业规模化和集约化养殖水平的不断提

高，对蛋白质饲料的需求量也在不断扩大。蛋白质饲料由于价格较高，在畜牧业饲料成本中占比较高。

1. 常见的植物蛋白质资源

（1）大豆饼（粕） 大豆饼（粕）是大豆取油后的副产品。通常将用压榨法取油后的副产品称为大豆饼，将用浸提法或经预压后再浸提取油后的副产品称为大豆粕。大豆饼粕是饼粕类饲料中最富营养的一种，蛋白质含量达42%～46%，且营养价值颇高，是赖氨酸、色氨酸、甘氨酸和胆碱的良好来源，氨基酸组成接近动物饲料。在中国大豆总产量中约有60%供食用，一般大豆的出饼粕率为88%。1996年以前，我国豆粕产量大于消费量，是主要出口国之一。如1994年，国内豆粕产量的50%用于出口。后来，随着人们生活水平的提高，养殖规模扩大，国内养殖业对豆粕的需求也急剧上升。另外，国内豆粕生产成本较高，国际市场豆粕价格远低于国内价格，大量廉价豆粕进口到我国。1996年，我国由豆粕净出口国成为净进口国，进口量达1880kt，1997年豆粕进口达3470kt，约占国内豆粕产量的一半。1998年，大豆、豆粕进口量分别达到创纪录的3190kt和3730kt。世界大豆生产大国都是国土面积大的国家，其他国家的大豆生产十分有限。我国虽然国土面积大且大豆产量位居世界第四，但因为人口多需求量大，大豆短缺严重。

（2）棉籽饼粕　棉籽饼是以棉籽为原料经脱壳、去绒或部分脱壳再取油后的副产品。棉籽饼粕蛋白含量亦较高，一般为35%左右。其蛋白质的氨基酸组成，主要取决于加工条件，特别是赖氨酸含量与加工条件密切相关。棉籽粕由于含有毒素——游离棉酚，过量饲喂会引起中毒，猪和家禽对此毒素尤为敏感。我国是世界第一产棉大国，年产棉籽7500kt以上，用以制油的棉籽约5000kt，每年可获得约3000kt的棉籽饼。目前我国对棉籽只有30%左右的利用率，大部分按习惯投入大田作肥料。国内外学者对棉籽粕的脱毒作了大量研究，探索出多种脱毒方法：如硫酸亚铁去毒法、水煮法、氧化剂脱毒法、添加CCDG法、溶剂浸出法、微生物发酵脱毒法等。棉籽粕以其成本低廉著称，尤其是近年来各地油厂纷纷增加了棉籽粕脱毒设备，大大降低了棉籽粕毒性成分，使其在饲料中的应用更为广泛，市场前景广阔。

（3）菜籽饼粕　菜籽饼粕也是一种高蛋白饲料，其粗蛋白含量一般在35%。可分为白菜型菜籽饼和芥菜型菜籽饼。菜籽饼中含有硫葡萄苷，经芥子酶水解后可产生异硫氰酸盐和噁唑烷硫酮等有害物质。大量和长时间饲喂会引起中毒。菜籽饼粕有辛辣味，适口性差，故不宜大量饲喂。我国鱼粉、豆粕等蛋白质资源短缺，但菜籽饼资源丰富，年产超过4000kt，价格低廉，可是由于其含有硫代葡萄苷等有毒物质，历来被用作肥料。但随着饲料研究工作者的不断努力，解决了菜籽饼不能直接饲用的难题，使我国菜籽饼能大量、安全地替代豆粕用作畜禽饲料，降低饲料成本50%以上。

（4）花生饼粕　花生饼粕分去壳花生饼粕与不去壳花生饼粕。花生饼粕中含有大量胆碱、维生素B_1、泛酸和尼克酸，但缺乏钙、钠和氯；花生饼粕不耐贮存，特别在高温、潮湿条件下，极易变质，易被黄曲霉污染而产生大量黄曲霉素，黄曲霉素的毒性很强，可导致畜禽严重中毒。

（5）玉米蛋白粉　玉米蛋白粉是生产玉米淀粉和玉米油的副产品，含粗蛋白40%～60%。具有良好的着色作用，富含蛋氨酸、胱氨酸和亮氨酸，但赖氨酸和色氨酸贫乏。我国是世界第二大玉米生产国，产量占世界总产量的20%左右。利用先进的技术改进传统的加工工艺，开发、生产优质、高附加值的功能性玉米深加工产品，可以说是一种有广阔发展前景的综合利用玉米资源的有效途径，更可以有效缓解蛋白质资源不足的现状。

2. 常见动物蛋白质资源

（1）鱼粉　鱼粉系由整鱼或渔业加工废弃物制成。鱼粉中含有丰富的蛋白质，优质鱼粉中蛋白质含量高达60%左右。鱼粉中必需氨基酸含量较完全，蛋白质营养价值较高，并且是畜禽钙、磷的良好来源。20世纪90年代初期，全世界总产量约6000kt左右，1993年全世界贸易总量约3600kt，其中秘鲁与智利的出口量约占总贸易的70%。中国产量很少，1998年全国鱼粉的总产量为616kt，其中山东约占50%，浙江约占20%，其次为河北、天津、福建、广西等省区。20世纪末期，我国每年大约进口鱼粉700kt，其中80%来自秘鲁，智利不足10%，此外从美国、日本、东南亚国家也有少量进口。2000年，世界鱼粉产量达到4400kt，比1999年增长5%，比1994年减少18%。1999年世界鱼粉出口达到3500kt，出口量比1998年增长26%，其中秘鲁占世界鱼粉出口量的42%。中国和日本是鱼粉的最大进口国，1999年我国进口630kt。我国鱼粉生产由于近海鱼资源严重衰退，产量由高峰时的超过1200kt下降到2001年的700kt，未来国产鱼粉产量将会进一步下降。鱼粉的产量因资源问题将不会有多大的增长潜力，但鱼粉的需求量将会强劲增长，其价格将会持续上升。

（2）肉骨粉　肉骨粉是卫生检验不合格的肉畜屠体和内脏等经高温、高压处理后脱脂干燥制成。其营养价值决定于所用原料。肉骨粉中赖氨酸含量丰富，而蛋氨酸较鱼粉少。肉骨粉在加工过程中经高温处理，蛋白质营养价值较鱼粉低。此外，肉骨粉中还含有丰富的钙、磷和B族维生素。美国在20世纪90年代初产量约2500kt，中国的资源量可达2000kt，但大部分尚未开发利用。据统计，全国屠宰厂（不包括个体屠宰）下脚每年产量约300kt，将这些动物下脚充分合理地开发利用起来，将是一笔很大的财富。肉骨粉生产方法不同，质量也不同，干法生产能避免蛋白质和油脂的损失，产品质量一般比湿法生产的好。肉骨粉生产原料无统一标准和来源，其饲用价值也不相同。原料中含有大量软骨、结缔组织、杂骨的，就比含肉质部分多的肉骨粉饲用价值低，湿法加工混入血粉的肉骨粉，在蛋白质含量相等的情况下，就比未混入血粉的肉骨粉饲用价值低。另外，肉骨粉经常混杂有蹄角粉、皮毛粉和肠胃内容物等杂质。值得注意是：2000年12月6日欧盟基本通过了全面禁止使用动物肉骨粉作饲料添加剂的决议。从2001年1月1日起，我国已禁止从欧盟国家进口包括肉骨粉、血浆粉、动物下脚料以及用这些原料加工制作的各类饲料。随着肉骨粉等动物性蛋白饲料贸易在全球范围内的萎缩，鱼粉和豆粕的贸易量将相应扩大，并使其价格上涨。国内市场大豆、豆粕和鱼粉的价格也将因此上涨。

（3）血粉 血粉中蛋白质含量很高，但其可消化性较差。氨基酸不平衡，虽然赖氨酸含量丰富（优质血粉比国产鱼粉高出1倍）蛋氨酸和异亮氨酸的含量却较少。含铁很丰富，但钙、磷含量很少。为了提高血粉的饲用价值，国内外开展了大量开发研究，主要工艺有：晾晒法、蒸煮法、喷雾干燥法、发酵法、膨化法、水解法和微生态多菌种发酵法。

（4）羽毛粉　羽毛粉蛋白质含量在80%以上，如果制作方法适宜，消化率可在75%以上。其含硫氨基酸含量居所有天然饲料之首。羽毛蛋白被认为是一种有独特价值的优质蛋白饲料。我国羽毛粉资源丰富，年产量数百万吨，但长期得不到合理利用，既浪费了宝贵的资源，又污染了环境。目前使用的加工方法主要有以下几种：高压加热水解法、化学处理法、酶处理法、细菌发酵法。一些物理方法容易使氨基酸变性，降低其营养价值。目前比较好的方法是多种微生物发酵和多种酶处理，一方面可提高一些氨基酸含量，另一方面也可向其中增加一些酶等生物活性物质，因此可以将此法得到的羽毛蛋白称为活性复合氨基酸饲料，大大提高了羽毛粉的使用价值。

3. 微生物蛋白质资源

微生物蛋白饲料为一类工业化生产的蛋白饲料，主要是酵母蛋白质饲料，常称其为单细胞蛋白饲料。常将其分为两类：一类是利用淀粉工业废液或造纸工业水解液作为培养底物，进行液态发酵生产，纯分离干制的酵母，其粗蛋白含量可达40%～65%；另一类是利用糟渣等工业副产品（如酒糟、啤酒糟）作为培养底物，进行固态发酵，发酵产品粗蛋白可达25%以上。这些产品按照氮含量代替日粮中部分常规蛋白饲喂畜禽，取得了良好的效果。世界微生物蛋白年产量约为2500kt，我国有50多个生产厂家，但生产规模都很小，年产量也只有30kt左右，所以从开发前景来看，还有巨大潜力。

二、蛋白质饲料的开发利用现状

蛋白质饲料严重短缺已成为世界性问题，因此提高常规蛋白质饲料利用率，大力开发、利用其他非常规蛋白质资源在畜牧业飞速发展的今天显得尤为重要。我国饲料产量居世界前列，且鱼粉和大豆饼（粕）是饲料中的主要蛋白质饲料原料。2005年我国蛋白饲料需要量为4000万吨，而实际供应量仅为1980万吨，缺口2020万吨。究其原因主要有以下几点：第一，大豆饼（粕）虽然具有蛋白质含量高及氨基酸平衡等特点，但其多种抗营养因子的存在大大降低了动物消化率；第二，我国鱼粉年消耗量约120万～150万吨，但受资源和地域限制，实际本土生产能力只有30万吨，加之近年来人类的狂捕滥捞、海洋环境污染及生态环境破坏等使渔业资源受到严重破坏，鱼粉资源日趋衰竭，远远满足不了我国鱼粉市场的需求；第三，自1996年初英国暴发"疯牛病"后许多国家已经全面禁止在反刍动物饲料中使用动物加工副产品（如肉骨粉等），这更大大减少了饲料蛋白质来源。因此，提高现有蛋白质资源的利用率、积极寻找新的蛋白源、开辟新的饲料蛋白资源，成为缓解我国蛋白质资源短缺的有效途径。

1. 提高大豆饼（粕）利用率

与棉籽粕、菜籽粕、花生粕相比，豆粕不仅蛋白质含量高（约44%），还具有氨基酸平衡（赖氨酸含量高达2%以上）、适口性好、消化率高（85%）等特点；与鱼粉、肉骨粉、血浆蛋白粉等动物源性蛋白质相比，豆粕又具有供应充足、不易被病原菌污染或氧化腐败、安全系数高等特点，因此一直扮演着我国畜牧养殖中蛋白质主要提供者的角色。但是，随着研究的深入，人们发现豆粕中存在许多抗营养因子如胰蛋白酶抑制剂、脲酶、抗原蛋白（过敏蛋白）、皂苷等，而抗原蛋白因其具有很好的热稳定性，一般方法很难去除或灭活，严重影响动物（尤其是幼龄动物）的生产。有关消除或降低抗原蛋白的方法主要有：

（1）复合酶制剂法 针对幼龄动物消化器官发育不成熟、消化酶系发育不完善及消化功能不健全的生理特点，在其日粮中添加复合酶制剂以降低或消除抗原蛋白的抗营养作用。王之盛试验表明复合酶制剂（酸性蛋白酶60%、碱性蛋白酶20%、纤维酶10%、淀粉酶8%、脂肪酶2%）能有效去除豆粕的抗原蛋白。

（2）微生物发酵法　微生物发酵是指利用微生物在适宜的条件下，将原料经过特定的代谢途径转为人类所需的产物的过程，是目前研究的热点。用米曲霉接种发酵豆粕饲喂仔猪，发现仔猪料重比降低8.39%（$P<0.05$）、腹泻指数降低39.96%（$P<0.01$）、血清IgG含量降低6.35%（$P<0.05$）。有试验表明：豆粕的水溶液与牛的瘤胃液混合，在39℃及厌氧条件下发酵2.5h能有效降低大豆蛋白致敏性，提高犊牛对大豆蛋白质的利用效率，这可能与反刍动物瘤胃微生物产生蛋白酶能分解抗原蛋白及破坏其抗原结构有关。

（3）作物育种法　将大豆中表达抗原表位的基因敲除，有可能从根本上去除大豆饲料中的致敏因子，但转基因大豆的安全性问题却还需要进一步的研究证实；另外，抗营养因子本身又是植物的防御物质，降低其含量是否会对植物本身如产量、抗病能力等引起负作用等也有待进一步考证。

2. 新型蛋白饲料资源的开发利用

（1）单细胞蛋白　单细胞蛋白（single cell protein，SCP）是利用各种基质大规模培养细菌、酵母菌等而获得的微生物蛋白，具有原料来源广、微生物繁殖快、成本低、蛋白质含量高（如细菌50%～80%、酵母菌50%～60%、藻类40%～50%）、含动物体所必需的各种氨基酸（特别是赖氨酸、蛋氨酸和色氨酸含量较高）、含有益菌及外源性消化酶和未知生长因子等特点。但是。大多数SCP是多菌种微生物混合物，且存在有害微生物、氢氰酸、重金属（汞、铅）污染可能，这些都是菌体蛋白饲料安全性的重大隐患；另外SCP中较高的核酸含量会增加肝脏中嘌呤的代谢率，容易导致动物代谢失衡和尿结石。因此，我们将菌体蛋白作为饲料原料时，要严格控制其添加比例，尽可能减少菌体蛋白所带来的潜在危害。

（2）昆虫　昆虫食性广，具有食物转化率高、繁殖速度快、蛋白质含量高、微量元素丰富及所含脂类多为软脂肪和不饱和脂肪酸等特点，被认为是目前最大且最具开发潜力的动物蛋白源。而我国地域辽阔，昆虫资源极其丰富，开发饲用昆虫，不仅可化害为宝，更是解决我国动物性蛋白质饲料不足的有效途径。许多昆虫干体蛋白质含量高达50%（蝇蛆61%、蚕蛹71%、蝴蝶75%、蝉72%、蚂蚁67%、黄蜂81%）以上，高于鸡、鱼、猪肉和鸡蛋中的蛋白质含量，且昆虫蛋白质中氨基酸组分分布比例与联合国粮农组织（FAO）制定的蛋白质中必需氨基酸的比例模式非常接近。其中黄粉虫、蝇蛆粉及蚕蛹粉等昆虫及其产品在猪、鸡养殖中已经得到了生产验证及逐步推广。但目前昆虫养殖场多以卖种及出售初级产品为主，深加工环节薄弱，综合利用程度低，市场竞争力较差。

（3）畜禽粪便　畜禽粪便在以前很长一段时间里被公认为废弃物，且多被用作农作物肥料，实际上它们含有较高的可利用营养物质，是潜在的良好蛋白质来源。鸡粪含粗蛋白25%～35%，几乎与大豆相当，但因主要是尿酸、尿素，所以比较适宜反刍动物瘤胃内的微生物直接利用，且其消化率可高达85%；干牛粪含粗蛋白10%～20%（与麦麸相当）、粗脂肪1%～3%、无氮浸出物20%～30%、粗纤维15%～30%。据美国研究报道，无水兔粪含粗蛋白20.3%、乙醚浸出物2.6%、粗纤维16.6%、无氮浸出物40.7%、矿物质10.7%。蚕粪又称蚕沙，是家蚕幼虫排出的粪便，含干物质29.2%、粗蛋白13%、粗纤维10.1%，还有部分碳水化合物和矿物质等。猪粪含粗蛋白11%～13%、粗脂肪2%～9%、赖氨酸5.2%，与大豆蛋白质含量相当。畜禽粪便含有丰富的营养成分，但同时又是病原微生物（细菌、病毒、寄生虫）、杀虫药、有毒金属药物及激素等的潜在来源。因此，畜禽粪便需要经过适当处理如干燥、青贮、发酵处理、机械处理、热喷处理后再用作饲料，而疫区畜禽粪便则不能利用。

（4）牧草叶蛋白　叶蛋白又称绿色蛋白浓缩物（LPC），是以牧草或其他青绿植物的生长组织（茎、叶）为原料，经打浆压榨，利用蛋白质等电点原理从汁液中提取的高蛋白浓缩物。LPC粗蛋白质含量高达32%～58%，品质接近大豆蛋白和豆饼蛋白，优于花生饼蛋白；氨基酸种类齐全，组成平衡，还富含维生素和矿物质，无动物蛋白质所含的胆固醇。因此可利用叶蛋白来改进牲畜饲料的营养成分。近年来，学者们就牧草叶蛋白的提取方法、最佳提取工艺的筛选等方面开展了大量的研究工作，并在黑麦草、苜蓿、串叶松香草叶蛋白的提取上取得了一定成果。另外，还对叶蛋白提取加工后的副产品进行了再利用研究，如可将草渣加工成干草粉、草颗粒、草块或发酵生产生物能源；也可造纸和生产食用菌；还可青贮发酵及作膳食纤维原料；叶蛋白提取残液则可用于提取超氧化物歧化酶等。

（5）苹果渣发酵生产蛋白质　我国是世界第一大苹果生产国，且主要生产浓缩果汁，所产生的大量果渣却被废弃。苹果渣是一种富含碳水化合物、矿物质、纤维素等多种营养素的资源。苹果渣含水量为77.8%，干物质中粗蛋白、粗脂肪、粗纤维、粗灰分含量分别为6.2%、6.8%、16.9%、2.3%；钙0.06%、磷0.06%，而果胶、单宁及较多的低分子糖类却限制了苹果渣在饲料中的直接利用。试验表明，发酵能使苹果渣得到更好的利用。如孙攀峰等在荷斯坦泌乳奶牛饲料中添加干苹果渣3.6kg/（头/d），其产奶量与乳中乳糖含量与对照组相比都显著提高（$P < 0.05$）。

（6）其他非常规蛋白质　饲料如麻疯树籽粕蛋白质含量高达40%～60%，氨基酸组成平衡，脱毒后是一种优质的蛋白质饲料，Broderick等发现脱毒麻疯树饼粕替代50%和75%的鱼粉后并不影响动物的生长性能，且体增重和饲料转化率高于同样替代比例的豆粕替代鱼粉组。又如茶粕含有0.5%～7%的粗脂肪、10%～20%的蛋白质、30%～60%的糖类物质、20%～50%的无氮浸出物，营养成分丰富，有关茶粕在动物生产上的应用研究越来越多，并取得了一定成果。

总之，从整体看，我国蛋白质饲料资源是严重不足的，但从局部看，却存在现有蛋白质饲料利用率不高及许多蛋白质饲料资源还有待开发或开发力度不够等问题。因此，今后我们既需要着力于提高豆粕利用率的研究；更需要从政策上鼓励并支持新蛋白质饲料资源的开发与利用。

三、开发蛋白质饲料资源的难点与对策

1. 开发蛋白质饲料资源的难点

我国的蛋白质饲料资源虽不丰富，但只要采取强有力的政策和技术措施，将现有的各类蛋白质饲料资源充分开发利用起来，避免过多浪费，基本上能满足畜牧业发展的需要，前景还是比较乐观的。但目前尚有很多因素制约着蛋白质饲料资源的开发利用。

（1）缺乏统筹发展

蛋白质饲料资源来源于农业、商业、外贸、供销、轻工、医药及农牧场、农户，其加工利用归口于各主管部门，资源分散，没有形成体系，互相争原料、争市场；缺乏统一领导，各部门不够协调，致使蛋白质饲料资源的开发不能有效地开展；缺乏资金，对蛋白质饲料资源的开发困难较多、成效较小。

（2）政策不完善

我国现行的榨油返饼政策，使大量饼粕分散在农民手中，不能科学利用。大部分农区仍用饼粕肥田，即使用作饲料，也是单一喂饲，造成极大浪费，影响科学加工利用。

（3）缺乏切实可行的技术

榨油不能采用先进工艺，生产的饼粕质量低，又没有监测措施，限制了饼粕的科学利用。许多新工艺在研究中虽多次得到验证，但在推广应用上还存在很大问题，覆盖率也很低。其他榨油新工艺、"过腹还田"、配合饲料等技术政策都不能切实实施。据调查，由于饼粕价格不合理，监测制度不严，70%以上的配合饲料都达不到营养标准，从而严重影响配合饲料的推广、普及，使蛋白质饲料也不能得到科学合理使用。

2. 开发蛋白质饲料资源的对策

随着畜牧业的发展，我国豆粕、鱼粉等常规蛋白原料越来越显得紧张，价格也不断攀升。为了解决饲料蛋白缺乏、降低饲料成本，开发新的蛋白饲料资源迫在眉睫。为了保证饲料工业稳步发展，为发展畜牧业提供成本低、营养全面的配合饲料，我国的蛋白质饲料资源开发要紧紧抓住资源严重浪费这个核心问题，通过扩大资源和合理利用现有资源等途径，搞好蛋白质饲料的开发。可采取的对策有以下几个：

（1）扩大植物性蛋白的来源　植物性蛋白质饲料包括油料饼粕类、豆科籽实类和淀粉工业副产品等，我国配合饲料中使用的主要是油料饼粕类饲料。植物性蛋白是我国蛋白质饲料的主要来源，具备种类多、来源广、价格便宜等优点。因此，除了加强对现有的植物蛋白饲料资源合理开发利用外，还要采取有力措施，扩大其来源。

①培育优质蛋白源植物品种　培育低毒、高产、高蛋白含量的棉花、菜籽品种，蛋白质含量高的玉米、大麦品种。

②生产优质豆科草粉　优质豆科草粉的蛋白质含量一般都在14%以上，在饲料中加入优质豆科草粉。可节

约一部分蛋白饲料。与此同时，还要发掘高蛋白野生植物资源，如沙棘种子和紫穗槐等。沙棘种子蛋白质含量一般为26%左右，紫穗槐蛋白质含量也高达22%以上。我国牧草资源十分丰富，是一种值得大力开发、成本低的蛋白质饲料资源。

③大力开发海洋植物资源　我国海洋植物资源极为丰富，海底生长着多种野生植物，其中产量较高的有海藻、海带草、海青菜、紫菜、海谷菜等。而海藻是海洋中分布最广的生物，从微小的单细胞生物到长达数十米的巨藻，种类繁多。世界海洋中的海藻类植物约一万多种，有绿藻门、褐藻门、蓝藻门、红藻门等11门。这些藻体内含有丰富的海藻多糖、蛋白质、脂肪、维生素、矿物质以及具有特殊功能的生理活性物质，是提供食品、饲料和药物的原料库。用海洋植物作畜禽动物饲料的研究和应用始于20世纪50年代，我国至今尚未形成相应的海洋植物饲料加工业。海洋植物营养丰富，含有多种生物活性物质，具有增强机体免疫力、促进生长等生物活性。栽培海洋植物可以改善生态环境，保护水生生物资源。因此，开发海洋植物饲料，促进畜牧业发展正日趋受到广泛重视。

④从青绿牧草和树叶中提取叶蛋白　青绿牧草和树叶中含有丰富的蛋白质，从中提取的蛋白质产品称为叶蛋白（或称为绿色蛋白浓缩物）。目前，国际上都

十分重视这项工作。叶蛋白产品的蛋白质含量一般为45%～60%，此外，还富含多种必需氨基酸。值得一提的是，生产叶蛋白的副产品——草饼和棕色液的利用价值也很高。草饼可作饲料饲喂家畜，营养价值和原来的牧草几乎没有差别，棕色液可直接作肥料，也可作培养液生产单细胞蛋白。

（2）充分利用动物蛋白饲料资源 动物性蛋白原料营养价值高，其中蛋白质、矿物质元素与维生素含量高，糖含量低，含氨基酸种类较多，并有丰富的矿物质和维生素。动物源性饲料产品粗蛋白一般在50%～60%，且氨基酸组分比较平衡，价格相对鱼粉便宜，因而是畜禽重要的蛋白质饲料来源，在蛋白质饲料资源不足的条件下，动物源性饲料资源的开发和利用对节约我国蛋白质源具有非常重要的意义。我国是动物蛋白饲料十分缺乏的国家，国内每年只能生产少量鱼粉、血粉、肉骨粉等动物蛋白饲料，目前主要依靠从国外进口大量鱼粉来补充蛋白饲料的不足。其中秘鲁、智利等国家以沙丁鱼、鲱鱼、蓝背丁鱼为主要原料生产的鱼粉质量较好，而国内生产的鱼粉主要以鳀鱼等混杂鱼为主要原料，在山东、浙江两省产量较高，与国外鱼粉相比质量较差。因此，应采用新技术、新工艺，开辟动物蛋白饲料资源，努力提高动物蛋白饲料的生产。

①充分利用海洋水产资源 我国沿海有大量再生的

低等贝类和浮游生物。均可以用来生产动物性蛋白饲料。这是沿海地区解决动物蛋白质饲料的一种有效途径。

②开发利用城市食品工业的下脚料 我国是畜禽生产大国，也是肉品消耗大国，每年因畜禽屠宰而产生的下脚料上千万吨，尤其食品工业的下脚料资源最为丰富。屠宰厂回收的各种畜禽鲜血，屠宰厂的各种畜禽下脚、肉屑、肉皮、肉渣、兔头、四肢，肉联厂不能食用的超期肉类，大型屠宰厂、肉联厂和市场上广泛收集的各种家禽羽毛等，可利用生产出血粉、肉骨粉及膨化羽毛粉等优质动物蛋白饲料，同时也可减少城市环境污染。肠衣下脚料在提取肝素后，蛋白氮含量还很高（猪47.32%，羊66.84%），也是一种很有价值的动物蛋白饲料。

③大力发展昆虫蛋白饲料的生产 昆虫是地球上种类最多且生物量巨大的生物，生物量超过其他所有动物（包括人类）生物量的10倍以上。目前，国内外学者发现，昆虫是最具开发潜力的动物蛋白饲料资源。大多数种类的昆虫，如蝇蛆、蝗虫、蚕、蛾、蜂、蚁等都可以作为畜禽的饲料加以应用，而且有些昆虫食物转化率高、繁殖速度快、数量大、蛋白质含量较高，易于饲养。因此，开发昆虫用于饲料资源，对促进我国畜牧业及饲料工业的发展具有重要意义。

（3）发展单细胞蛋白饲料的生产 单细胞蛋白质是

通过培养单细胞生物而获得的菌体蛋白，实际上就是含蛋白质的干菌体。与豆粉相比，单细胞蛋白的蛋白质含量高出10%～20%，可利用氮高出20%，在有蛋氨酸添加时可利用氮达95%以上。单细胞蛋白不仅含有丰富的蛋白质、脂肪、维生素等畜禽所必需的营养物质，而且生长繁殖快，可利用多种工农业副产品或废弃物作为培养原料，在适宜的条件下，几十分钟到几小时就可繁殖一代。生产单细胞蛋白原料广泛，方法简单，易于操作，便于推广，节粮省能，不与粮食和牧草争地，不受气候影响，而且单细胞蛋白产品的蛋白质含量高、氨基酸种类齐全、维生素含量丰富，营养价值高。因此，单细胞蛋白是一种十分重要的动物蛋白饲料资源，发展单细胞蛋白的生产，将是开发我国蛋白质饲料资源的一条重要途径。

①利用食品工业副产物生产单细胞蛋白　在食品工业中，酒精行业的废渣液，味精工业和柠檬酸工业的废水，淀粉工业的粉渣和浸泡水，制糖工业的废丝、废渣，糖醛工业的残渣，均可用于生产酵母类单细胞蛋白，其产品的蛋白质含量一般为40%～58%，比大豆高33.3%～50%。试验证明，每千克酵母类单细胞蛋白可使奶牛多产奶6～7kg；用含单细胞蛋白10%的饲料养鸡，产蛋量可提高21%～35%；每千克饲料酵母可增产30～40枚鸡蛋或0.1～0.5kg禽肉。

②以工业产品和废水为原料生产单细胞蛋白　石油生产的二次产品，如甲醇、醋酸、丙酸等，造纸厂的废水、废粉，经发酵和其他处理后，也可成为重要的单细胞蛋白饲料。

（4）加强藻类蛋白资源的开发　藻类中可以作为蛋白饲料的主要有蓝藻类、小球藻等。蓝藻类蛋白质含量较高，一般都在50%左右。最引人注目的是螺旋藻，蛋白质含量高达71%，粗脂肪7.0%，而且繁殖力强，在20～25℃的良好环境下，每小时能成倍增长，每亩每年可产干品75kg以上，开发这类单细胞蛋白是十分有意义的。小球藻干体中含有50%的蛋白质、丰富的维生素和叶绿素，是一种优质的蛋白质饲料，因培养简便、投资少、见效快，也是一种值得开发的单细胞蛋白饲料资源。

（5）加大利用微生物蛋白质资源　微生物蛋白质饲料是一种具有生物活性的蛋白质饲料，蛋白质含量约20%，能量约12MJ/kg。蛋白质和能量水平大致介于玉米和豆粕之间，且营养全面，除含有蛋白质、粗脂肪、钙、磷外，还含有大量的有益微生物和B族维生素，因此极易被动物体吸收利用，还可有效调节动物胃肠道的微生物区系，增强动物对疾病的抵抗力。

（6）重视非蛋白氮饲料的生产利用　非蛋白氮是一种廉价而有效的蛋白源，是反刍动物十分重要的蛋白饲料。目前人们已对20多种非蛋白氮应用于反刍动物的饲用价值进行了研究，效果较好的是尿素和双缩脲。随着饲养业的不断发展，蛋白质饲料日趋缺乏，非蛋白氮的生产与利用已成为反刍家畜饲养业中缓解蛋白质饲料不足的主要措施之一。我国目前对非蛋白氮的利用才刚刚起步，但已有初步成效。

四、桑叶的加工调制技术研究

由于鲜桑叶含水量高，不宜长时间保存。通过对加工调制技术的研究，可以延长桑叶的使用时间，提高桑叶的利用价值，便于包装与运输，可以实现桑叶饲料的商品化。常用的桑叶加工调制技术主要有青贮调制技术与干燥调制技术。

1. 桑叶青贮技术的研究

青贮是保证桑叶常年青绿多汁的有效措施，其原理是利用微生物在厌氧环境中发酵物料产生乳酸抑制其他微生物的活动，从而保持饲料的营养价值。桑叶青贮技术的关键是将压实的桑叶密封在湿度为70%、温度为25～35℃的容器中进行，选择先压实再裹包的青贮设备进行青贮，可以达到更加理想的效果。发酵过程一般4周即可完成，为防止二次发酵，在桑叶青贮时，可以添加防腐剂（如丙酸、甲酸等）和促进发酵的专用微生物接种剂。青贮发酵良好的桑叶具有浓郁的酸香味，颜色黄绿或略黑，叶脉清晰；而不良的桑叶青贮有臭味或霉味，不适于做饲料。若因密封不严导致桑叶青贮表面发霉时，可去除发霉部分后饲喂。

2. 桑叶干燥技术的研究

桑叶干燥方法分为地面干燥法、叶架干燥法和高温快速干燥法三种。地面干燥法即桑叶在平坦硬化的地面自然干燥，制成的干桑叶含水量在15%～18%。在一些潮湿和多雨地区或季节，桑叶的地面干燥常常无法进行，可采用叶架干燥法干燥，该法是将桑叶放在叶架上，使物料离开地面一定高度，有利于通风和加快桑叶的干燥速度。高温快速干燥法是将桑叶通过烘干机烘干，干燥后的桑叶可粉碎或制成颗粒后饲喂。

3. 桑叶的加工利用技术研究

（1）切碎利用　用普通的饲草切碎机把桑叶切碎，直接喂食家畜。

（2）粉碎利用　利用饲料粉碎机或秸秆揉搓机对桑叶进行粉碎，根据需要可直接制成草粉、饼状、块状饲料，还可与其他秸秆混合制成混合饲料。

（3）制粒利用　桑叶干燥粉碎后与精饲料混合，然后用颗粒饲料机加工成颗粒饲料，可以直接饲喂牛、羊等。桑叶制粒后，利用率最高可达100%。将桑叶粉碎加工制成草粉、颗粒等成品饲料饲喂家畜，不仅有助于解决养殖业蛋白饲料原料短缺问题，而且大大降低了饲料成本。

◆主要参考文献◆

［1］曹发龙，钟莲，郝广芬，等.日粮中添加微生物蛋白质饲料促进仔猪生长的实验［J］.中国畜牧兽医，2008，35 (3): 132-135.

［2］杜文义.开发动物下脚料前景广阔［J］.农家参谋，2004 (9): 24-25.

［3］董淑红.畜禽粪便再生饲料资源的开发与利用［J］.广东饲料，2009，18 (12): 33-35.

［4］方洛云，郝晓平，刘凤华，等.昆虫蛋白饲料资源开发及对策研究［J］.饲料研究，2009，(6): 71-74.

［5］冯杰，刘欣，卢亚萍，等.微生物发酵豆粕对断奶仔猪生长、血清指标及肠道形态的影响明［J］.动物营养学报，2007，19 (1): 40-43.

［6］付亮明，孙建义.当前饲料业面临的问题及解决途径［J］.饲料研究，2002，(4): 23-25.

[7] 高玉鹏，等. 国产"双低"菜籽饼作为育成鸡蛋白质饲料的研究 [J]. 动物营养学报，1996，8 (2).

[8] 郭雪山，肖玫. 单细胞蛋白的应用及其开发前景 [J]. 中国食物与营养. 2006，(5)：23—24.

[9] 贾佳. 如何有效利用肉牛蛋白质饲料 [J]. 农村养殖技术，2008 (11)：12—15.

[10] 李爱科，郝淑红，张晓林，等. 我国饲料资源开发现状及前景展望 [J]. 畜牧市场，2007 (9)：13—16.

[11] 李殿珍. 河南省蛋白质饲料资源的合理开发与有效利用 [J]. 农牧研究. 1992 (6)：41—46.

[12] 刘高强等. 松毛虫作为新饲料蛋白质资源的开发及其前景 [J]. 安徽农业科学，2006，34 (18).

[13] 刘刚，盖日中. 海洋植物资源的开发与利用 [J]. 饲料世界，2006，(91)：31—32.

[14] 刘建静，杨曙明. 单细胞蛋白质饲料的开发与利用 [J]. 饲料广角，2007 (7)：36—38.

[15] 刘立秋，田培育. 单细胞蛋白饲料在畜牧业生产上的应用 [J]. 黑龙江畜牧科技，1999 (3)：19—22.

[16] 刘先珍，朱建录，刘晓华. 畜牧业新饲料源——桑叶的营养价值及加工调制 [J]. 中国饲料，2005，26 (23)：46—47.

[17] 刘子放，邝哲师，叶明强，等. 桑枝叶粉饲料化利用的营养及功能性研究 [J]. 广东蚕业，2010，44 (4)：24—27.

[18] 栗晓霞，高建新. 酶解羽毛粉对蛋鸡生产性能的影响 [J]. 饲料研究，2006 (1)：8—10.

[19] 马现永. 正确认识和使用动物源性饲料 [J]. 中国动物保健，2008，8 (114)：74—75.

[20] 任静柏. 单细胞蛋白饲料的开发与应用 [J]. 现代畜牧兽医，2007，(5)：30—32.

[21] 石学刚，王斯佳，李发弟，等.动物性蛋白饲料原料开发及应用现状 [J].中国畜牧杂志，2007，43 (20): 46-50.

[22] 施安辉，单宝龙，贾朋辉，等.国内蛋白质饲料资源开发利用的现状及前景 [J].饲料博览，2006 (6): 40-43.

[23] 申红，潘晓亮，王俊刚，等.黄粉虫对肉仔鸡生长性能及体内蛋白质沉积率的影响 [J].四川畜牧兽医，2006，33 (7): 27-28.

[24] 孙攀峰，郭峰，高腾云.干苹果渣对奶牛产奶量及乳成分的影响 [J].河南农业科学，2010 (7): 107-109.

[25] 王之盛，况应谷，刘惠芳，等.酶解去除抗原蛋白饲料对仔猪生产性能的影响 [J].四川农业大学学报，2003，31 (4): 338-342.

[26] 席鹏彬，李德发，龚丽敏.菜籽饼粕营养品质及其在猪日粮中的应用 [J].饲料工业，2002，23 (6):5-9.

[27] 许云贺，张莉力，李建国，等.主要动物性蛋白质饲料的选择与使用 [J].黑龙江畜牧兽医，2008 (6): 54-57.

[28] 杨福有，祁周约，李彩风，等.苹果渣营养成分分析及饲用价值评估 [J].甘肃农业大学学报，2000，35 (3): 340-344.

[29] 袁莉，马英，李爱科.双低菜籽饼粕在饲料中的应用 [J].粮油食品科技，2003，11 (2):34-36.

[30] 袁涛，张伟力.我国几种蛋白质饲料资源现状 [J].江西饲料，2004 (2): 25-27

[31] 张无敌，夏朝凤.一些蛋白饲料资源的开发评价 [J].粮食与饲料工业.1998 (4): 22-23.

[32] 张子仪.我国饲料工业进入WTO前后的思考 [J].饲料工业，1999，(8):2-4.

[33] 赵建明，何学军，魏金涛，等.玉米酒糟在猪饲料中的应用

[J].饲料，2008，29(2): 63-64.

[34] 赵庆宇，胡兰，付亮亮，等.昆虫蛋白饲料的开发与利用
[J].上海畜牧兽医通讯，2006 (5): 8-9

[35] 周元军.昆虫蛋白饲料的开发应用 [J].饲料研究,2005,(2):
21-23.

[36] Bmdeck G A，Craig W M. Effect of hea ttreatment
on ruminal degradation and escape, and intestinal
digestibility of cotton seed meal protein [J].Nutrient,
1980, 110 (12): 2381-2389.

第三章

桑叶资源与生猪养殖

我国是肉类消费大国，猪肉消费在我国肉类消费中占据首要位置。为提高肉品质，人们加大对猪饲料来源的控制，使得人畜争粮的问题日益严峻。如果能够对桑叶资源加以合理的开发利用，便既可提高资源利用率又可缓解当前人畜争粮的危机。

一、猪对蛋白质饲料的需要

蛋白质是猪生长和维持器官及肌肉组织活动所必需的，幼猪和生长猪对蛋白质有着非常高的需求。

（一）仔猪对蛋白质饲料的需要

1. 断奶仔猪蛋白质和氨基酸的需要

仔猪日粮中第1、2、3、4限制性氨基酸分别为赖氨酸、苏氨酸、蛋氨酸和色氨酸。低蛋白饲料有降低仔猪腹泻、下痢发生率，减少猪场氮排放量，降低饲料成本等优点。仔猪蛋白质饲料来源很丰富，如鱼粉、血浆蛋白粉、大豆蛋白、膨化豆粕等，另外，"高蛋白乳清粉"中含有11%～12%的蛋白，也是很好的蛋白质来源。大豆中因含有多种抗营养因子和引起免疫病理反应的抗原成分，导致仔猪消化不良和腹泻，在仔猪日粮中的使用量应加以限制，可使用全脂膨化大豆。

仔猪第1阶段日粮除多选用优质原料外，可适当添加膨化豆粕，使仔猪在断奶前就能及早适应大豆蛋白抗原。脱脂乳粉也是早期断奶仔猪重要的蛋白原料，不仅提供了高质量的蛋白质，而且也是早期断奶仔猪乳糖的来源。血浆蛋白粉的有效成分为免疫球蛋白，含粗蛋白70%～78%、赖氨酸6.0%～7.6%。免疫球蛋白能提高断奶仔猪成活率，减少下痢次数，提高体重。猪血浆蛋白粉中的蛋氨酸和异亮氨酸含量相对较低。优质进口鱼粉不仅粗蛋白含量高、氨基酸含量丰富且组成平衡，还含有未知生长因子，是仔猪饲料中极有效的动物蛋白源。

肠膜蛋白是用肠黏膜提取浓缩而成，由于其含较高的消化酶、粗蛋白质65%、粗脂肪12%，能改善饲料的消化吸收、降低应激，可明显促进幼小动物消化系统的早日成熟及完善，是高品质动物性功能蛋白质。植物蛋白质饲料通常含有多种抗营养因子，如大豆蛋白质中的抗原成分（即大豆球蛋白和β-聚球蛋白）是引起仔猪肠道受损，导致仔猪断奶后腹泻的主要原因。限制豆粕的用量，以不超过20%为宜。可通过豆粕加工来部分降低蛋白中的抗原成分，如通过60%～70%热乙醇浸提豆粕或大豆，或通过豆粕膨化加工，或采取挤压技术等。豆粕经发酵酶解处理后因有效降低大豆蛋白中的抗营养因子，尤其是发酵酶解产生大量小分子多肽，有利于日粮蛋白质的消化吸收而呈现出降低断奶仔猪腹泻率的良好效果。仔猪断奶应激会导致肠道受损、消化功能紊乱、消化酶活性低，致使蛋白质不能很好地被消化吸收，继而在大肠发生腐败，产生的氨和胺类物质对肠道黏膜有毒性作用，腹泻加重。小肽特别是23肽，可被仔猪完全而有效地吸收，减少了大肠后段氨气和有毒胺类的产生；同时，能维持消化道正常的功能，降低腹泻率。小肽还能够加强有益菌群的繁殖，提高菌体蛋白的合成，提高动物抗病力。另外，某些小肽能促进幼小动物的小肠发育，并刺激消化酶的分泌，提高机体的免疫力和吸收能力。

断奶仔猪每日蛋白质供给量会显著影响其生长性能、肠道健康、营养物质消化吸收及体蛋白质沉积，而断奶仔猪蛋白质需要量又受其肠道健康状况、饲粮氨基酸平衡及能量摄入量的影响。已有的关于断奶仔猪蛋白质需要量的研究多是以生产性能如平均日增重，或代谢指标如血清尿素氮含量作为评价指标，而较少以胴体性状如体蛋白质沉积作为评价指标。再者，在饲用抗生素禁用背景下，通常采用低蛋白饲粮来降低仔猪在断奶过渡期腹泻发生的严重程度，但低蛋白饲粮策略通常伴随仔猪生长性能的下降，在保育期将饲粮恢复至正常蛋白质水平后可能会发生补偿性生长，但对于是否发生补偿性体蛋白质沉积的研究还较少。综上，以往有关断奶仔猪蛋白质需要量的研究多是基于有抗生素及高铜、高锌添加的基础上得出，在无抗生素，铜、锌限量添加的背景下，仔猪断奶过渡期蛋白质需要量还需进一步研究。

2. 饲粮蛋白质水平对断奶仔猪的影响

（1）饲粮蛋白质水平对断奶仔猪生长性能的影响　仔猪具有快速生长特征，对蛋白质需要量高。断奶过渡期提高饲粮蛋白质水平可显著提高断奶仔猪的生长性能。但是，由于仔猪在断奶过渡期极易发生腹泻，生产上通常在该阶段降低饲粮蛋白质水平以降低腹泻严重程度。然而，降低饲粮蛋白质水平往往会导致断奶仔猪生长受限，通过平衡饲粮氨基酸可缓解低蛋白质对仔猪生长的负面影响。Toledo等研究发现，在补充平衡赖氨酸、蛋氨酸、苏氨酸、色氨酸、缬氨酸和异亮氨基酸后，蛋白质水平从21.0%降低到15.0%并不会降低断奶仔猪平均日增重及平均日采食量。同时，Liu等发现饲粮蛋白质水平从20%降低到17%虽然会显著降低仔猪断奶后第21天体重以及1～21d平均日增重。但是调整赖氨酸：蛋白质值从6.14%到7.32%后，断奶后1～21d平均日增重可恢复正常水平。然而，也有研究者指出，平衡氨基酸后的低蛋白质饲粮还是会造成断奶仔猪生长受限。如Zhang等研究发现，与20.9%蛋白质饲粮相比，17.1%蛋白质饲粮（补充平衡赖氨酸、蛋氨酸、苏氨酸和色氨酸4种必需氨基酸）显著降低仔猪断奶1～14d的平均日增重和料重比，即使在平衡4种必需氨基酸的基础上进一步补充平衡异亮氨酸、亮氨酸和缬氨酸3种支链氨基酸后，平均日增重还是降低了5.6%，料重比降低了9.8%。Yue等也发现，与23.1%蛋白质饲粮相比，即使补充平衡赖氨酸、蛋氨酸、苏氨酸、色氨酸、异亮氨酸、缬氨酸、苯丙氨酸和组氨酸8种必需氨基酸，17.2%蛋白质饲粮显著降低仔猪断奶1～14d的平均日增重及料重比。综上所述，平衡氨基酸组成并不总能缓解低蛋白质饲粮引起的断奶仔猪生长阻滞效应。仔猪对饲粮蛋白质水平在生长性能方面响应不同，可能是由于蛋白质的消化率及其氨基酸组成、与动物需要量紧密相关的氨基酸含量和平衡、合成非必需氨基酸的氮的供应、结晶氨基酸与完整蛋白质中氨基酸在体蛋白质中沉积效率等的不同所致。此外，在断奶过渡期饲喂低蛋白质饲粮，随后在保育期饲喂正常蛋白质水平饲粮，仔猪可能会有一段补偿生长期。Shi等指出，与全期饲喂19%蛋白质饲粮的仔猪相比，饲喂13%蛋白质饲粮的仔猪虽然断奶1～14d平均日增重、平均日采食量及料重比均显著降低，但在15～28d恢复饲粮蛋白质水平至19%后有提高平均日增重的趋势。然而，也有研究发现，在断奶后1～30d分别饲喂仔猪20%和14%蛋白质饲粮，随后在31～65d均饲喂17%蛋白质饲粮，在66～104d均饲喂15%蛋白质饲粮，早期低蛋白质饲粮（14%）的仔猪体重在断奶第66天并没有得以恢复，而是直到断奶第105天后才得以恢复。因此，仔猪断奶过渡期饲喂低蛋白质饲粮的时间不宜过长，控制在1～2周为宜，有利于仔猪后期补偿生长。

（2）饲粮蛋白质水平对断奶仔猪肠道健康的影响

仔猪断奶后腹泻通常与胃肠道中产肠毒素大肠杆菌（enterotoxixigenic Escherichia coli，ETEC）的增殖有关，而ETEC主要利用蛋白质发酵供其增殖。断奶仔猪由于应激导致腹泻，使得营养物质消化不全，未被消化的蛋白质进入大肠后加速肠道ETEC的增殖，且蛋白质经ETEC发酵产生尸胺和腐胺等一系列有毒物质，会加重仔猪腹泻。饲用抗生素曾被广泛应用于预防、缓解仔猪断奶后腹泻。然而，饲用抗生素滥用导致了抗生素耐药菌的出现。全球许多国家及区域已宣布畜禽饲料全面禁抗。因此，低蛋白质饲粮不失为应对仔猪断奶后腹泻的一种有效营养策略。研究表明，降低饲粮蛋白质水平可以显著降低仔猪断奶后2～3周的腹泻率。然而，Htoo等却发现无论是饲喂20%还是24%蛋白质水平的无抗饲粮，对仔猪断奶后1～21d腹泻情况均无显著影响，这可能与试验选用的仔猪群肠道基础健康状况有关。只有在仔猪群发生严重腹泻时，降低饲粮蛋白质水平才有显著效果。而Htoo等选用的仔猪肠道都比较健康，没有发生严重腹泻，且其选用的蛋白质水平梯度中的低蛋白质水平也能达到正常饲粮的蛋白质水平。肠道形态、物理屏障、免疫屏障及微生物屏障功能是评价畜禽肠道健康的主要指征。断奶仔猪蛋白质摄入不足会降低其肠道绒毛高度和绒隐比，引起肠道形态学损伤，降低肠道紧密连接蛋白表达，影响其屏障功能。研究发现，低蛋白质饲粮显著降低了仔猪断奶第14天十二指肠绒毛高度和回肠闭合蛋白（Occludin）的表达。降低断奶仔猪饲粮蛋白质水平还会影响肠道免疫反应，降低肠道黏膜促炎因子、提高肠道抗炎因子的表达。此外，降低饲粮蛋白质水平可能还会影响断奶仔猪肠道微生物组成及结构。范沛昕研究发现，低蛋白质饲粮可显著降低回肠有害菌蓝藻细菌的相对丰度，同时提高结肠有益菌毛螺菌科的相对丰度。然而，Yu等研究发现，不论断奶仔猪饲喂20%、17%还是14%蛋白质饲粮，各组空肠和结肠肠道菌群的 Ot 多样性和肠道菌属均无显著差异。造成不同研究间肠道菌群结果不同的原因，可能是不同研究处理时间长短不同，且不同研究中仔猪肠道基础健康状况不同。

（3）饲粮蛋白质水平对断奶仔猪营养物质消化吸收的影响　饲粮蛋白质水平对断奶仔猪营养物质消化吸收的影响，主要表现为对蛋白质消化吸收的影响。Bikker 等报道，饲粮蛋白质水平由 15% 提高到 22% 后，仔猪粗蛋白质表观消化率得到了提高。然而，Fang 等发现，饲粮蛋白质水平由 19.7% 提高到 21.7% 和 23.7% 后，断奶仔猪粗蛋白质消化率线性降低。但是，也有研究发现，饲喂不同蛋白质水平饲粮对仔猪粗蛋白质表观消化率没有影响。这些研究结果的不同可能是由于试验中的饲粮原料组成、动物生长阶段以及健康状况不同所致。蛋白质由氨基酸组成，蛋白质的消化代谢主要为氨基酸代谢，而蛋白质水平和氨基酸平衡会影响氨基酸代谢。氨基酸转运载体负责肠道氨基酸转运，进而影响氨基酸向组织的供应和血清氨基酸含量的稳态。因此，血清中游离氨基酸含量可以反映动物的生理条件和营养状况。研究发现，饲粮蛋白质可通过调控肠道碱性和中性氨基酸转运载体 mRNA 的相对表达量而影响血清中数种相应氨基酸的含量。此外，Yu 等、Fang 等和 Heo 等均发现提高饲粮蛋白质水平可提高断奶仔猪血清尿素氮含量。血清尿素氮含量虽然可作为反映饲粮蛋白质质量和动物氮摄入量的指标、确定动物蛋白质需求量的响应参数，但需要注意的是动物在摄入较多的蛋白质后，引起机体吸收增加会相应提高血清尿素氮含量，而摄入的蛋白质超过机体蛋白质需要量或者是饲喂相同蛋白质水平饲粮后血清尿素氮含量增加，则反映的是氮利用效率的降低。因此，在估测断奶仔猪蛋白质需要量时，不能仅观察营养物质消化吸收与代谢对饲粮蛋白质水平的响应。

（4）饲粮蛋白质水平对断奶仔猪体蛋白质沉积的影响　早期断奶仔猪具有很高的体蛋白质沉积能力。5～18kg、6～21kg和8～25kg仔猪体蛋白质沉积分别为61、75和89g/d。Oresanya等研究发现，饲喂9～25kg仔猪蛋白质水平24.7%、净能9.9MJ/kg的饲粮，其体蛋白质沉积为94g/d，仔猪每日体蛋白质沉积：每日蛋白质摄入量为0.48。同时，Silva等研究发现，饲喂15～25kg仔猪蛋白质水平12.5%、净能11.1MJ/kg的饲粮，其体蛋白质沉积为66g/d，仔猪每日体蛋白质沉积：每日蛋白质摄入量为0.60。由以上仔猪每日体蛋白质沉积与每日蛋白质摄入量的比值可知，仔猪每日摄入的蛋白质数量有1/2用于其体蛋白质沉积。此外，在Silva等的研究中，仔猪每日体蛋白质沉积数据大幅度低于Jones等和Oresanya等的研究，推测其可能的原因是试验饲粮蛋白质水平过低，仔猪每日蛋白质摄入量仅为

109g/d，远低于NRC（2012）推荐的11～25kg仔猪的蛋白质需要量171g/d和中国《猪营养需要》（2020）推荐的8～25kg仔猪蛋白质需要量154g/d，这也反映了蛋白质摄入量与体蛋白质沉积的密切关系。体水分或体粗灰分含量与体蛋白质含量密切相关，反映为体蛋白质的伴随变化。因此，饲粮蛋白质水平还会影响畜体蛋白质以外的其他体成分沉积。研究发现，降低饲粮蛋白质水平降低了仔猪体蛋白质、体水分和体粗灰分含量及沉积速率，并提高体脂肪含量及沉积速率。出现这种现象可能是由于动物饲喂低蛋白质饲粮时，体蛋白质沉积速率也低，这样饲粮中有大量的能量以体脂肪形式储存；而在采食量没有显著改变的条件下，饲粮蛋白质水平增加时，在动物体蛋白质沉积上限尚未达到时，体蛋白质沉积速率也会增加，进而能量储存为体脂肪也减少。因此，准确了解断奶仔猪体成分沉积对蛋白质摄入量的响应，可以更好地确定其蛋白质需要量。

（二）生长育肥猪对蛋白质和氨基酸的需要

蛋白质和氨基酸是影响育肥猪生长发育和肉品质的重要营养元素。Ma等发现日粮中添加1%L-精氨酸，可通过肌纤维类型和代谢酶的差异表达，使肌内脂肪（IMF）含量增加约32%，并降低滴水损失，从而改善猪肉品质。由于蛋白饲料资源不足，低蛋白日粮技术能在一定程度上缓解蛋白源饲料资源短缺的问题。Peng等给45日龄的生长猪分别饲喂粗蛋白（CP）水平分别为20.00%、17.16%、15.30%和13.90%的基础日粮，并添加生长素（IAA）以满足其生长需要。研究发现，降低饲料中CP水平会降低平均日增重、血浆尿素氮浓度及肝脏和胰腺相对器官重量，增加饲料转化率，并对十二指肠的绒毛长度及回肠、空肠的隐窝深度造成影响；补充后可以将日粮CP水平从20%降低到15.30%，对生长性能没有显著影响，对免疫学参数的影响也很有限。段佳琪等也发现日粮蛋白质水平降低至14%和12%对猪生长性能和胴体品质无显著影响。林维雄等将常规饲粮CP水平（17.4%）降低至14.3%，总磷水平（0.5%）降低至0.40%，并添加120mg/kg植酸酶，能显著提高生长猪平均日增重，减少粪氮、粪磷含量；在此基础上，继续添加120mg/kg NSP酶对生长猪的生长性能和粪中养分含量不产生影响。此外，在低蛋白日粮中添加支链氨基酸L-Leu、L-Val和L-Ile有利于机体生长性能和免疫性能的提升。王晶等发现，生长猪饲喂有效磷2.4g/kg的玉米-豆粕型饲粮（总磷0.45%）时，添加500U/kg植酸酶可达到与常磷饲粮（总磷0.56%）相同的生长性能，添加1000U/kg植酸酶时养分表观消化率提高更明显。由此说明，在降低蛋白水平的同时补充生长素、氨基酸或植酸酶等营养物质能在一定程度上满足低蛋白水平下育肥猪的氨基酸需求。

二、桑叶在生猪养殖中的应用

1. 桑叶对猪生产性能的影响

在生猪饲粮中添加5%～15%发酵桑叶粉可显著提高生长性能、缩短生长周期、降低饲料成本以及改善肠道健康。但其最高添加量不超过15%，添加过量发酵桑叶粉反而会显著降低断奶仔猪的生长性能；在育肥猪饲粮中添加适量比例的发酵桑叶粉可以改善产品品质，且添加5%～15%时效果最好。仔猪在断奶阶段，其消化道尚未发育健全，使用2%～4%的发酵桑叶粉可增加饲粮特殊香味和诱食性，提高断奶仔猪生产性能，有利于断奶仔猪对营养物质的消化吸收和利用。随着仔猪的生长发育，其消化系统发育健全，在生长育肥阶段可添加15%以内的发酵桑叶粉替代豆粕，在提高生产性能的同时改善猪肉品质，在一定程度上降低了生产成本。

林标声等发现，在断奶仔猪饲粮中添加5%发酵桑叶复合物能有效治疗仔猪病毒性胃肠炎。发酵桑叶粉中存在大量益生菌，进而可调节仔猪胃肠道的菌群环境，从而维持胃肠道健康。张娜娜等通过育肥猪试验发现，在基础饲粮中添加15%发酵桑叶粉可显著提高育肥猪的平均日增重，缩短生长周期，这可能是桑叶经过发酵后，其粗纤维含量降低、粗蛋白质含量提高、抗营养因子作用减小，有效改善其适口性，从而提高育肥猪的生长性能。丁鹏等通过试验发现，饲喂添加9%桑叶粉全价发酵饲料组的宁乡花猪料重比显著降低，有效提高了宁乡花猪的生长性能。

李有贵等在杜×大×长三元杂交肥育猪饲料中添加桑叶10%，不影响育肥猪的生长速度，可提高猪胴体率，显著降低猪板油率和背膘厚度；可减缓肌肉pH下降速度，显著提高肌肉肌苷酸和脂肪含量；通过调控育肥猪小肠蔗糖酶、血清脂肪酶及肝脏糖代谢酶的活性达到对脂肪代谢和沉积的调控，激活肝脏葡萄糖代谢关键酶（己糖激酶、丙酮酸激酶）的活性，改善了生长性能和猪肉品质和风味，获得了安全低脂的猪肉，提高了猪的屠宰性能及营养价值。郭建军等研究表明，在育肥猪日粮中分别添加鲜桑叶5%、10%、20%，能够改变肠道微生物变化，增加有益菌的数量，从而提高饲料报酬和日增重；能提高背最长肌中高密度脂蛋白、胆固醇、肌苷酸、维生素E、亚油酸、总氨基酸和赖氨酸的含量，降低总胆固醇和硬脂酸的含量。综合而言，添加5% ～ 10%的新鲜桑叶能提高猪肉营养和品质，增加养殖效益。宋琼莉等在"杜×大×长"三元杂交育肥猪基础日粮中分别添加桑叶粉5%、

10%和15%，对照组不添加。饲粮中添加桑叶粉10%，可提高猪肉的大理石纹评分，降低平均背膘厚和肌肉中的总胆固醇含量，但对育肥猪生长速度无显著影响；能显著提高肌肉中SOD的活性，降低血清甘油三酯的含量，调节脂肪代谢。杨静在育肥猪日粮中添加桑叶粉10%～15%，对肥育猪的生长速度无显著影响，可显著降低育肥猪的背膘厚，增加肌肉脂肪、亚油酸和多不饱和脂肪酸含量，改善猪肉品质和风味，添加桑叶粉20%对育肥猪的生长速度有显著负面影响。

在猪日粮中添加适量的发酵桑叶可使猪被毛柔顺光亮、皮肤有弹性、背腰平直及臀部肌肉丰满，提高肉品质。此外，还可提高日增重，降低采食量、料肉比和饲养成本。丁鹏等用9%的发酵桑叶粉替代等量基础日粮饲喂宁乡花猪，发现料重比、平均背膘厚和血清胆固醇含量显著降低，肉品质提高。李栋栋等通过向断奶仔猪基础日粮中添加2%和4%的发酵桑叶发现，采食量、料肉比显著降低，日增重增加，不仅能有效改善生产性能，而且每千克增重的饲料成本可减少1.67～2.29元。Zhang等研究表明，向生长育肥猪日粮中添加15%发酵桑叶，能够显著增加日增重，提高生产性能。此外，肌内脂肪和不饱和脂肪酸显著增加，平均背膘厚和饱和脂肪酸显著降低，对肉品质有极大改善作用。张雷等在长淳猪的日粮中添加10%桑叶粉，发现日增重降低，而料重比升高。在肥育猪饲料中添加9%的桑叶或15%的发酵桑叶粉可显著提高猪的平均日增重，但也有报道指出5%和10%桑叶粉对育肥猪平均日增重无显著影响，而15%桑叶粉可显著降低其平均日增重。

2. 桑叶对猪肉品质的影响

桑叶作为育肥猪饲料，具有明显改善育肥猪生长性能的作用，能改变肉中的脂肪酸结构，调节脂肪代谢，提高猪肉胴体品质和猪肉风味；调节肠道菌群数量，维持肠道微区系平衡，保障肠道健康。桑叶中粗蛋白质含量高达29.8%，因此可用作很好的猪饲料来源。袁庭娟等在饲料中添加桑叶对肥育猪生长和胴体肉质影响的研究中发现，在肥育猪的日粮中添加桑叶粉6%，可提高猪的平均日增重及整齐度、肉中的氨基酸总量、必需氨基酸总量和主要鲜味氨基酸总量。何亮宏等的试验也证明了这一点。Zeng等在育肥猪日粮中加入桑叶15%，却降低了饲料效益、屠宰重量和日增重，但对猪肉品质有一定的改善。添加发酵桑叶粉可降低宁乡花猪的背膘厚，且随着发酵桑叶粉剂量的增加效果更为明显。这可能是发酵桑叶粉中黄酮类化合物和生物碱可以调控脂质代谢，且有研究证明桑叶中的DNJ通过调控细胞外蛋白激酶（ERK）过氧化物酶体增殖剂激活受体γ（PPARγ）信号通路抑制猪肌内脂肪细胞分化过程中的脂质积累。

桑叶营养丰富，养分均衡，能够提高猪的生长性能，改善猪肉品质，增加饲料报酬。Chen等发现，桑叶粉作为非常规饲料资源具有很大潜力，可提高育肥猪的屠宰率，降低耗料增重比（F/G）。Liu等研究也发现，在湘村黑猪日粮中添加低于12%的桑叶粉可有效改善肉品质，提高肌肉中粗蛋白质、肌苷-磷酸（IMP）等含量，且不会对生长性能产生负面影响。同时，呼红梅等研究发现，在猪生长及育肥阶段分别添加4%和12%发酵桑叶不影响其日增重（ADG），但可提高肌肉中次黄嘌呤核苷酸含量；添加8%、15%发酵桑叶会降低肌肉中总脂肪酸、饱和脂肪酸和单不饱和脂肪酸含量。此外，湘村黑猪血清谷胱甘肽过氧化物酶（GSH-Px）活性及浓度随日粮中桑叶粉添加量的增加而呈线性升高，并提高了机体的抗氧化性能。林标声等研究还发现，由于发酵桑叶中含有大量益生菌，对动物机体免疫系统和消化系统具有双重作用功效，故添加5g/kg桑叶等中药发酵制剂对治疗仔猪病毒性胃肠炎效果良好。

杨静等研究发现，饲喂10%、15%、20%桑叶的猪肌内脂肪含量较对照组分别提高12.99%、9.97%、17.22%，但肌内脂肪含量是否随桑叶的增加而呈正比例提高还有待确认。何亮宏等的实验结果显示，添加3%、6%、9%的桑叶粉后，猪肉的剪切力显著降低，嫩度提高。此外，还有研究结果显示，与对照组相比，桑叶组的板油率降低，背膘厚度降低。这表明，桑叶的添加对脂肪合成的影响具有双向调节作用。添加6%桑叶能显著提高育肥猪肌肉中肌苷酸含量，而10%、20%桑叶添加组育肥猪肌肉中肌苷酸含量比对照组高25.56%和15.00%。采食添加桑叶的饲料后，育肥猪背最长肌中的总氨基酸、丝氨酸、苏氨酸、谷氨酸含量显著提高，6%的桑叶添加量显著增加猪肉中鲜味氨基酸的含量，而醛类化合物、醇类、酯类、酮类化合物均因桑叶粉添加的提高而增加，从而改善猪肉风味。桑叶的多不饱和脂肪酸含量高，猪采食后能增加肌肉不饱和脂肪酸含量。杨刚研究发现，添加5%鲜桑叶能提高肌肉中亚油酸含量，6%桑叶显著增加了肌肉中不饱和脂肪酸含量，10%和20%桑叶组则可降低硬脂酸和油酸含量。同时，添加桑叶还能增加肌肉的脂肪沉积，影响肌肉的氨基酸和脂肪酸组成，最终改善肉的风味。

3. 桑叶对猪免疫性能的影响

张振祥等在断奶仔猪（杜×长×大三元杂交）日粮中分别添加桑叶多糖0.1%、0.2%、0.3%，在试验期内，试验组的仔猪外周嗜中性粒白细胞百分数显著高于对照组，证明桑叶多糖可提高断奶仔猪的非特异性免疫功能。仔猪腹泻是影响仔猪成活率的一个重要因素，利用桑叶多糖饲喂断奶仔猪，可以改善仔猪的肠道菌群情况，提升乳杆菌和双歧杆菌的增殖，降低大肠杆菌数量和仔猪腹泻率，猪肉品质会变好，提高生长性能。罗秋兰研究在饲料中添加桑叶多糖对断奶仔猪生长性能和免疫功能的影响。结果表明，日粮中添加桑叶多糖可以提高仔猪免疫力，并且不同添加量的桑叶多糖对日采食量基本没有影响，但是日增重显著提高。发酵技术是目前畜禽养殖中比较热门的一项技术。利用发酵桑叶饲喂断奶仔猪，可使猪被毛柔顺、光亮、皮肤有弹性、背腰平直及臀部肌肉丰满，仔猪日增重无显著差异（$P>0.05$），但采食量和料肉比显著降低（$P<0.05$）。推测可能是桑叶经过发酵处理后，其抗营养因子的活性遭到了一定破坏。对于患乳腺炎的母猪，在日粮中添加一定比例的桑叶饲料后，发现母猪乳腺炎症状减轻。

在肥育猪上，桑叶中的活性物质能通过减缓pH的下降速度，增强肌肉的抗氧化能力，提高肌肉脂肪含量，从而改善肉品质。宋琼莉等给87kg育肥猪饲喂不同比例的桑叶粉发现，添加桑叶组的育肥猪肌肉pH均高于对照组，其他研究也得出类似结论。添加桑叶能提高猪肉中维生素E含量，增强肌肉中超氧化物歧化酶（SOD）活性，降低肌肉中丙二醛（MDA）含量，有效提高肌肉的抗氧化能力。研究发现，肌肉脂肪含量和大理石纹评分随日粮桑叶添加水平的提高而提高。

　　Leterme等研究发现，在母猪妊娠期基础日粮中添加10%的桑叶粉，母猪的产仔数提高，死胎和木乃伊数减少。郭建军等的研究结果显示，在繁殖母猪饲料中添加3%和5%桑叶粉，母猪繁殖率和仔猪成活率较对照组分别提高12%、12%和5.62%、4.08%。而王小燕等发现，母猪妊娠期日粮中添加10%桑叶能提高血液中单核细胞比例，对疫苗免疫无不良作用。张振玲等研究了饲粮中添加桑叶对仔猪和育肥猪的影响，结果表明饲粮中添加桑叶能够提高仔猪的免疫力，降低仔猪的死亡率，还能够提高育肥猪的肉品质，从而提高猪肉的档次和商品价值。

◆主要参考文献◆

[1] 曹美琪，贺成，李卫东.蛋白桑与传统桑叶片中蛋白质和主要药效成分含量的差异比较［J］.中南药学，2020，18 (4)：651-655.

[2] 丁鹏，李霞，丁亚南，等.发酵饲料桑粉对宁乡花猪生长性能、肉品质和血清生化指标的影响［J］.动物营养学报，2018，30 (5)：1950-1957.

［3］郭建军，李晓滨，齐雪梅，等.饲料中添加桑叶对种母猪繁殖性能的影响［J］.中国畜禽种业，2010，6（09）：63-64.

［4］郭建军，邱殿锐，李晓滨，等.日粮鲜桑叶对育肥猪生长性能和肉质的影响［J］.畜牧与兽医，2011，43（9）：47-50.

［5］何亮宏，陈国顺，权群学，等.桑叶粉对生长肥育猪生长性能、屠宰性能、肉质及风味的影响［J］.中国畜牧杂志，2018，54（8）：68-74.

［6］何亮宏，陈国顺，权群学，等.日粮中添加桑叶粉对生长肥育猪肉质和肌肉中氨基酸含量的影响［J］.甘肃农业大学学报，2019，54（1）：16-23.

［7］何亮宏，陈国顺，权群学，等.日粮中添加桑叶粉对生长肥育猪肉质和肌肉中氨基酸含量的影响［J］.甘肃农业大学学报，2019，54（1）：21-28.

［8］何亮宏.桑叶粉对育肥猪生长性能、屠宰性能、肉质及风味的影响［D］.西宁：甘肃农业大学，2018.

［9］呼红梅，郝丽红，王怀中，等.发酵桑叶对生长育肥猪生长性能、胴体品质和肌肉营养成分的影响［J］.动物营养学报，2021，33（1）：6104-6113.

［10］李婉涛，王义翠，徐秋良，等.杜仲和桑叶提取物对育肥猪生长性能及猪肉品质的影响［J］.黑龙江畜牧兽医，2018（10）：157-160.

［11］李霞，刘耕，肖建中，等.桑叶蛋白营养价值与开发利用［J］.四川蚕业，2019，47（3）：15-17.

［12］李德发.中国猪营养需要［M］.北京：中国农业出版社，2020.

［13］徐丹，唐子婷，王雪丹，等.发酵桑叶生物活性成分含量变化研究［J］.饲料研究，2017（20）：51-55.

［14］李有贵，张雷，钟石，等.饲粮中添加桑叶对育肥猪生长性

能、脂肪代谢和肉品质的影响［J］.动物营养学报，2012，24 (9)：1805-1811.

［15］李栋栋，张明，李欢欢，等.发酵桑叶对断奶仔猪生长性能及经济效益的影响［J］.饲料研究，2017 (03)：6-9.

［16］林标声，吴江文，戴爱玲，等.银杏叶-桑叶中药发酵制剂防治仔猪病毒性胃肠炎的应用效果研究［J］.中国兽医杂志，2016，52 (9)：56-58.

［17］刘爱君，李素侠，吴国明，等.鲜桑叶对育肥猪增重效果的对比［J］.中国牧业通讯，2007 (18)：76-77.

［18］罗秋兰.桑叶多糖对断奶仔猪生长性能和免疫功能的影响研究［D］.广州：华南农业大学，2012，38 (5)：51-54.

［19］宋琼莉，韦启鹏，邹志恒，等.桑叶粉对育肥猪生长性能、肉品质和血清生化指标的影响［J］.动物营养学报，2016，28 (2)：54-547.

［20］权群学，彭忠宏，刘孟洲，等.饲粮中添加桑叶粉对肥育猪肉品质的影响［J］.养猪，2018 (05)：10-12.

［21］陶荣霞.17株芽孢杆菌产酶特性及益生特性的研究［D］.硕士学位论文.华中农业大学，2012.

［22］王芳，乔璐，张庆庆，等.桑叶蛋白氨基酸组成分析及营养价值评价［J］.食品科学，2015，36 (1)：225-228.

［23］王小燕，谷山林，王海燕，等.桑叶饲料对母猪生产性能、血液生理生化和免疫指标的影响［J］.饲料工业，2017，38 (23)：38-42.

［24］王亚男，冯曼，周英昊，等日粮中添加发酵桑叶对育肥猪生长性能和肌肉中氨基酸、脂肪酸含量的影响［U］.黑龙江畜牧兽医，2019 (18)：57-60

［25］吴浩，孟庆翔.桑叶的营养价值及其在畜禽饲养中的应用［J］.中国饲料，2010，13：38-40.

［26］杨静，李同洲，曹洪战，等. 不同水平饲用桑粉对育肥猪生长性能和肉质的影响［J］. 中国畜牧杂志，2014，50 (7)：52-56.

［27］杨静. 饲料桑粉的营养价值评定及在生长育肥猪日粮中的应用研究［D］. 保定：河北农业大学，2014.

［28］杨刚. 桑叶粉对育肥猪生产性能和肉质风味的影响［D］. 甘肃农业大学，2018.

［29］袁庭娟，权群学，刘孟洲，等. 饲料中添加桑叶粉对肥育猪生长和胴体肉质影响的研究［J］. 养猪，2017 (6)：49-52.

［30］张洪燕，黄先智，郑旺，等. 适合改善桑叶发酵饲料主要营养物质含量的菌剂筛选［J］. 蚕业科学，2016，42 (6)：1053-1061.

［31］张娜娜，曹洪战，李同洲，等. 发酵饲料桑粉对育肥猪生长性能和猪肉品质的影响［J］. 中国兽医学报，2016，36 (12)：2166-2170.

［32］张雷，徐洪泉，童训权，等. 饲粮添加桑叶粉和复合酶对长淳猪生产性能、肌内脂肪和血脂的影响［J］. 杭州农业与科技，2016，4：32-34.

［33］张振玲，张善芳，张海涛，等. 饲用桑叶或其制品对仔猪和育肥猪生产的影响［J］. 猪业科学，2018，35 (1)：86-88.

［34］张振祥，王树红. 桑叶多糖对断奶仔猪免疫机能的影响［J］. 今日畜牧兽医，2019，35 (2)：21-22.

［35］Chen Z, Xie Y, Luo J, et al. Dietary supplementation with Moringa oleifera and mulberry leaf affects pork quality from finishing pigs［J］. J Anim Physiol Anim Nutr (Berl), 2021, 105 (1)：72-79.

［36］He L, Zhou W, Wang C, et al. Effect of cellulase and Lacto- bacillus casei on ensiling characteristics, chemical composition, antioxidant activity, and digestibility of mulberry leaf silage [J]. Dairy Sci, 2019, 102 (11): 9919−9931.

[37] Kang J, Wang R, Tang S, et al. Chemical composition and in vitro ruminal fermentation of pigeonpea and mulberry leaves [J]. Agroforest Syst, 2020, 94 (4):1521−1528.

[38] Liu Y, Li Y, Xiao Y, et al. Mulberry leaf powder regulates antio−xidative capacity and lipid metabolism in finishing pigs [J]. Anim Nutr, 2021, 7 (2):421−429.

[39] Liu Y, Li Y, Peng Y, et al. Dietary mulberry leaf powder affects growth performance, carcass traits and meat quality in finishing pigs [J]. J Anim Physiol Anim Nutr (Berl), 2019, 103 (6):1934−1945.

[40] Wang G Q, Zhu L, Ma M L, et al. Mulberry 1−deoxynojirimycin inhibits adipogenesis by repression of the ERK/PPAR γ signaling pathway in porcine intramuscular adipocytes [J]. Journal of Agricultural and Food Chemistry, 2015, 63 (27):6212−6220.

[41] Zeng Z, Jiang J J, Yu J, et al. Effect of dietary supplementation with mulberry (Morus alba L.) leaves on the growth performance, meat quality and antioxidative capacity of finishing pigs [J]. Journal of Integrative Agriculture, 2019, 18 (1): 147−155.

[42] Zhao X, Li L, Luo Q, et al. Effects of mulberry (Morus alba L.) leaf polysaccharides on growth performance, diarrhea, blood pa−rameters, and gut microbiota of early-weanling pigs [J]. Livestock Science, 2015, 177:88−94.

第四章

桑叶资源与羊养殖

　　能量和蛋白质是肉羊营养中的两大重要指标，两者的比例关系直接影响肉羊的生产性能。日粮中蛋白质适量或其生物学价值高，可提高饲料代谢能的利用，使能量沉积量增加。日粮中能量浓度低，蛋白质数量不变，羊为满足能量需要增加采食量，则蛋白摄取量过多，多采食的蛋白转化为低效的能量，很不经济。反之，日粮中能量过高，采食量少，而蛋白质摄取不足，日增重就会下降。因此，保持日粮中能量和蛋白质的合理比例，可以节省蛋白质，保证能量饲料的最大利用率。

一、羊对蛋白质饲料的需要

　　蛋白质是羊生存、生长、繁殖不可缺少的物质。可以说，羊体中的每一部分都离不开蛋白质，肌肉、毛皮、内脏、血液、神经、骨骼以及体内所必需的酶、激素、抗体等的基本成分都是蛋白质，蛋白质可以分解产生能量，用作羊体的能源。羊瘤胃内的微生物可以利用非蛋白氮合成羊可以利用的微生物蛋白质，但这部分蛋白质远远不能满足羊的需求量，因此，蛋白质还必须通过饲料供给。蛋白质饲料一般指饲料干物质中粗蛋白含量大于或等于20%而粗纤维小于18%的饲料，羊用蛋白质饲料主要指植物性蛋白质饲料。

1. 肉羊对蛋白质的需求

肉羊对粗蛋白质的数量和质量要求并不严格，因瘤胃微生物能利用蛋白氮和氨化物中的氮合成生物价值较高的菌体蛋白。但瘤胃中微生物合成的必需氨基酸的数量有限，余者需从饲料中获得。高产肉羊只靠瘤胃微生物合成的必需氨基酸是不够的，因此，合理的蛋白质供给，对于提高饲料利用率和生产性能是很重要的。肉羊对蛋白质的需求量因年龄、体况、体重、妊娠、泌乳等不同而异。幼龄羊生长发育快，对蛋白质需求量多。随年龄的增长，生长速度减慢，对蛋白质的需求量随之下降。妊娠羊、泌乳羊、育肥羊对蛋白质的需求量相对较高。

（1）传统蛋白质需要量体系　我国现行的肉羊蛋白质饲养标准大多采用传统的蛋白质需要量体系中的粗蛋

白质（CP）或可消化蛋白质（DCP）来表示。粗蛋白质（CP）体系是以日粮中的 $N \times 6.25$ 得到日粮中CP的含量，该体系没有结合反刍动物瘤胃发酵的特点说明反刍动物对日粮的消化利用情况，不能够区分日粮中真蛋白质与非蛋白氮的消化利用情况。可消化粗蛋白质（DCP）体系是以反刍动物瘤胃发酵特点为基础的蛋白质体系，该体系相比粗蛋白质（CP）体系较为完善，但该体系不能够说明瘤胃发酵产物合成蛋白质的效率与合成量，无法将到达小肠的瘤胃非降解蛋白质与瘤胃微生物蛋白质区分开。因此，传统的蛋白质需要量体系不能准确反映肉用羊蛋白质消化生理特点。

（2）蛋白质需要量新体系　随着动物营养学家对反刍动物蛋白质消化特点研究的深入，反刍动物蛋白质需要量新体系逐步形成。虽然蛋白质需要量新体系形式较多，但核心都是以小肠蛋白质评价反刍动物蛋白质的需要量。小肠蛋白质包括瘤胃非降解日粮蛋白质（UDP）、瘤胃微生物合成的蛋白质（MCP）和极少量的内源蛋白质（ECP），蛋白质需要量新体系与传统蛋白质需要量体系相比，更能准确地反映肉用羊蛋白质消化的生理特点。因而以小肠蛋白质作为评价肉用羊饲料的蛋白质及需要量更加准确。

（3）小肠蛋白质测定方法　目前，测定小肠蛋白质的方法主要有体内法、半体内法、模拟法、体外法。体内法是给动物安装十二指肠和回肠瘘管，分别从十二指肠和回肠瘘管采取食糜样本，测定食糜养分在小肠中的消化率。体内法测定结果相对准确，但也会因为动物个体差异、瘘管位置、食糜标记物不同带来差异，而且耗时、耗力、费用高。半体内法又称运动尼龙袋法，是通过收集瘤胃内未降解的饲料残渣，装入一定规格尼龙袋，然后封口，再通过真胃瘘管将其投入消化道，通过从粪便或回肠中收集尼龙袋，冲洗并分析尼龙袋残渣蛋白质含量，从而得出饲料未降解蛋白质的小肠可消化率。半体内法重复性好，省时省钱，但尼龙袋会刺激肠黏膜，容易在肠道中堵塞，而且收集困难。模拟法是采用小试验动物（如小鼠）测定MCP以及UDP的小肠消化率。模拟法耗时短、耗料少、成本低、重复性高，容易标准化，但反刍动物与单胃动物的小肠消化吸收能力、pH和食物流速等存在很大差异，这些差异也会影响数据的准确性。体外法中应用最多的方法是酶解法，即利用生物酶制剂模拟真胃和小肠中蛋白质的消化过程。体外法不需要试验动物，省时、省力、费用低、易于标准化操作，但在体外不可能完全模拟体内的消化过程，从而影响结果的准确性。

2. 奶山羊对蛋白质的需要

我国是奶山羊生产大国，羊奶具有与母乳更为接近的营养组成，营养丰富、易于吸收，而且还具有许多特殊的营养保健和治疗作用。蛋白质是限制奶山羊生产性能的最重要养分，是细胞的重要组成成分，在生命过程中起着重要的作用。动物在组织器官的生长和更新过程中，必须从食物中不断获取蛋白质。因此，蛋白质是配合奶山羊日粮时必须优先考虑的营养指标。

（1）羔羊对蛋白质的需要　国内关于奶山羊日粮中适宜蛋白质水平的研究主要集中于羔羊补饲料与泌乳料，对其他生物学时期研究较少。戈新等研究表明，干物质中粗蛋白质质量分数14.5%的日粮，与粗蛋白质质量分数13.5%的日粮相比，崂山奶山羊羔羊的生长速度显著提高。马功珍等研究发现，与蛋白质质量分数16%的精料相比，蛋白质质量分数20%的精料作为西农萨能羔羊补饲料更有利于羔羊的生长发育。史怀平等报道，1～60日龄西农萨能奶山羊羔羊颗粒饲料中适宜的蛋白质水平为18%，61～120日龄适宜蛋白质水平为21%。陈艳瑞选择出生日期一致、体重接近、健康无病的1日龄关中奶山羊公羔作为试验动物，研究了人工培育条件下羔羊体重和日增重变化规律以及羔羊对不同饲料的采食规律，利用计算机模拟的方法计算关中奶山羊哺乳羔羊补饲料中适宜蛋白质水平。结果表明：31～90d关中奶山羊补饲料适宜蛋白质水平呈前低后高的趋势，31～70d和71～90d羔羊补饲料蛋白质水平分别以

16% ～ 17%和18.5%较为适宜。

于子洋等选用147日龄、体重（14.57±0.32）kg的崂山奶山羊断奶母羊，采用单因素试验设计研究了全混合日粮中蛋白质水平（10.74%、13.22%和15.74%）对育成期崂山奶山羊生长发育及血清生化指标的影响。结果发现，增加饲粮蛋白质水平可显著提高崂山奶山羊平均日增重，加快体尺增长，增加崂山奶山羊摄入氮量。

（2）泌乳期奶山羊对蛋白质的需要　于子洋等研究了日粮蛋白质水平对泌乳中期崂山奶山羊泌乳性能的影响，蛋白质水平分别为11.04%、13.80%、16.56%。结果发现，日粮蛋白质水平对采食量无影响（$P > 0.05$）；随着饲粮中蛋白质水平的增加，日平均产奶量极显著增长（$P < 0.01$），料奶比呈现降低趋势（$P > 0.05$）；但按4%标准奶计，13.80%蛋白质水平效果最为理想。许会芬等采用2×2完全随机区组试验研究了能量和蛋白质水平对泌乳量、乳成分及血液生化指标的影响。结果表明，在保证产奶量及乳脂率的情况下，能量水平为12.92MJ/kg、蛋白质水平为15.80%的日粮比较适合产奶羊需要。张犁苹等研究了蛋白质水平对西农萨能羊泌乳性能的影响。结果表明，风干饲料中蛋白质水平为14%的日粮对产奶量和乳中乳脂、全脂固形物和乳糖含量降低的幅度最小，较适合实际应用。李歆研究了日粮能量和蛋白质水平对泌乳中期西农萨能奶山羊泌乳性能的影响。结果发现，蛋白质水平（16.13%和17.82%）对干物质采食量、产奶量、乳品品质及血液生化指标等均无显著影响。

绳贺军等采用2×3完全随机试验研究了日粮中蛋白质与能量的含量对西农萨能奶山羊泌乳性能的影响。结果表明，能量水平为12.77MJ/kg干物质，蛋白质水平为18.25%的精料配方更适合实际应用。黄汉军采用定点观察的方法，分析了农户饲养条件下关中奶山羊典型日粮与生产性能的关系。结果发现，日粮中蛋白质质量分数11%～12%时生产性能最高，使用效果最好。吴敏等采用2×2完全随机试验研究了日粮中蛋白质和L-赖氨酸水平对西农萨能羊泌乳性能和血浆生化指标的影响。结果表明，蛋白质水平为16%、L-赖氨酸为0.67%的日粮更有利于提高泌乳期奶山羊的生产性能。

3. 绵羊对蛋白质的需要

目前对于绵羊蛋白质需要的研究方面，各国蛋白质新体系的重点主要是MCP合成量的估测、UDP量的评定、MCP及UPD在小肠中的消化率等。新体系从不同的角度弥补了传统蛋白质体系的缺点和不足之处。对于瘤胃微生物来说，每天需要的降解蛋白为1.25MJ（ME）g，瘤胃微生物每天提供给组织的氨基酸氮（TMN）为0.53MJ（ME）g。

（1）妊娠期母羊的蛋白质需要 妊娠期母羊的日粮中每天至少提供10g/MJ的CP才能最大限度地提供MCP。在妊娠早期，日粮中的净蛋白含量为5.7g/MJ才能满足瘤胃合成MCP的需要。到妊娠后3周，母羊对能量的需要高一些，只需在日粮中添加UDP就能满足母羊对蛋白质的需要。

日粮中的蛋白质大约有80%在瘤胃中被降解，大约有80%的MCP以氨基酸的形式存在，日粮中20%UDP能在小肠中被有效地吸收，在小肠中的消化率和利用率分别为0.85和0.80，这样就要求净蛋白含量为5.9g/MJ。假设日粮中用于维持的代谢能为0.42MJ/（kg·w），则用于维持的净蛋白为2.4g/（kg·w）。机体组织需要维持的净蛋白为2.2g/（kg·w）。

在生产实践中，妊娠第三个月时，对能量的要求仅处于维持水平，蛋白质含量为10g/MJ就能达到母羊对能量蛋白质的需要；在妊娠中期，如果能量的摄入量低于维持需要量，日粮中必须添加低降解率的蛋白质，或者对蛋白质进行过瘤胃保护，以保护母体蛋白不受损失；到了妊娠后期，母羊所需的蛋白质与能量需要的相关性很小。

（2）哺乳期母羊的蛋白质需要 哺乳期时母羊的体重都有所下降，这主要是机体为满足泌乳的需要所造成的。Cowan等报道，体组织转化为泌乳需要的利用率与日粮的蛋白质摄入量密切相关。在哺乳期前6周内，母羊的体重减少4～8kg。在哺乳期6～42d中，母羊体重平均减少4.3kg，蛋白质平均损失800g，约占体蛋白的10%。

Robinson（1978）提出了能量蛋白质需要模式，表述了哺乳期母羊能量蛋白质需要所遵循的三个重要原则：①能量的摄入处于一定水平时，蛋白质的摄入有一个最小需要量，如果低于这个水平，将导致泌乳量的下降；②泌乳量随着CP/ME的增加而增加，如CP/ME=7.5时，泌乳量为2.2kg/d；当CP/ME=9.4时，泌乳量为2.8kg/d；③在代谢能摄入不变的情况下，如果母羊没有达到最大泌乳量，增加日粮中CP的含量，可明显提高泌乳量。Robinson等（1974）研究发现，当ME的摄入量为25MJ/d时，CP/ME由10.5增加到16.6时，泌乳量可由2.4kg/d增加到3.1kg/d。

如果母羊每天从日粮中摄取的能量能满足哺乳需要，每天提供11g/JM的CP，可以保证母羊的泌乳量为2kg/d；对于能量摄入不足的哺乳母羊来说，补充大量的RDP和UDP可以显著提高泌乳量，缓解由于能量摄入不足带来的影响。

多数情况下，饲粮中所提供的蛋白质的数量比蛋白质的质量更重要。反刍动物通过瘤胃微生物的活动，可将低质蛋白质转变成优质蛋白质。瘤胃微生物利用饲料蛋白质中的氮源合成细菌和原虫的蛋白质，然后这些蛋白质在肠道中被消化。因此，小肠中的蛋白质包括微生物蛋白质和躲过瘤胃微生物降解的饲料蛋白质。如果提供充足的前体物，除了高产母羊的泌乳期和瘤胃活动受限的年幼羔羊之外，合成的微生物蛋白质足够满足绵羊的蛋白质需要。当包含全价料时，绿色牧草可为多数种类的绵羊提供充足的蛋白质。当牧草成熟、变白，或已经过了长期干燥，以及饲喂牧草干草或高谷物饲粮时，就需要补充蛋白质。由于高蛋白饲粮通常适口性很好，可刺激食欲和消化活动，经常被添加到幼畜补充料中。在有些情况下，其对过瘤胃价值高的饲料蛋白质有好处。

油粕（如大豆粕、棉籽粕）含有35%～45%的蛋白质，是优质的蛋白质补充料来源。恰当收割的禾本科干草（如紫花苜蓿）通常蛋白质含量较高（粗蛋白质高达25%），能够用来为绵羊提供有效的蛋白质补充。当补充蛋白质作为主要目标时，其补充料的单位成本就是最重要的考虑因素。有时，绵羊可利用相对廉价的非蛋白氮（NPN）如尿素来满足蛋白质需求。如果为微生物生长和蛋白质合成提供充足的能量和硫源，瘤胃微生物可将NPN转变成微生物蛋白质。在绵羊饲粮中使用尿素时，要遵循一定的经验规则。尿素用量不应超过饲粮总氮的1/3，不应超过总饲粮的1%或饲粮精料的3%。尿素不应用于幼龄羔羊的饲粮或幼畜补充料中。当瘤胃还不具备完善的机能时，也不能有效地利用尿素。通常，也不推荐在以下情况使用尿素：放牧绵羊的饲粮；饲喂低能饲料，如秸秆或低质干草的绵羊；饲料供应受到限制的羔羊。在这些情况下，可能没有充足的能量用于瘤胃微生物蛋白质的合成。

二、桑叶在羊养殖中的应用

桑枝叶具有丰富的营养成分和较高的产量，引起了世界各国人民的广泛关注。桑枝叶作为畜禽饲料原料的研究逐渐增多，而桑树育种和家畜饲养已成为充分利用桑枝叶资源的重要途径。已有大量在牛、羊等反刍动物的饲养试验均表明，饲喂桑叶可提高反刍动物的生长和生产性能，同时有效改善肉品质，节约饲养成本。Liu等的研究报道称，桑叶可以作为一种优良的蛋白源添加到日粮中饲喂反刍动物。

1. 桑叶对羊生产性能的影响

桑叶作为一种优质高蛋白饲料可以改善反刍动物瘤胃内微生物结构，有利于瘤胃内纤维分解菌、乳酸杆菌等有益菌的生长繁殖，从而促进饲料消化吸收，提高动物生长性能，改善肉品质，降低饲养成本。李伟玲（2012）对蒙古羯羊的研究表明，添加桑叶不影响肉羊的干物质采食量，但可显著降低料重比和肉羊日增重，且10%桑叶添加组增重效果最好，月增重提高25.52%；同时，该研究还得出桑叶具有提高肉羊产肉性能、改善肉品质、增强免疫力和抗氧化能力等作用。

相关研究表明，桑叶作为反刍动物饲料（特别是作为青绿饲料）具有较高的消化率，在许多体内和体外实验得出了类似的结论。严冰等研究发现桑叶在瘤胃内具有良好的消化率，在48h时其干物质消化率达到了62%。桑树的叶和嫩茎均可鲜饲，是畜禽优质的全价饲料，用其叶、茎制成的饲料消化率在80%，最高可达95%。与此同时，桑叶对羊有着很好的适口性。山羊对桑叶的干物质采食量很高，每日可达到其体重的4.2%，绵羊则稍低，但也可达其体重的3.4%。李占臻等利用尼龙袋法测定陕北白绒山羊小肠对桑叶的表观消化率为42.05%，表明桑叶在山羊小肠的消化率较高。

朱万福等在滩羊饲粮中添加青贮桑叶，结果表明青贮桑叶能够改善饲粮适口性，增加滩羊的采食量，提高生产性能。Liu等使用桑叶替代菜籽粕饲喂生长期羔羊，结果表明桑叶能够改善羔羊瘤胃微生物环境，提高干物质采食量。罗阳等发现，与玉米组相比，饲粮中添加青贮桑叶后，奶山羊的干物质采食量和产奶量显著或极显著提高。新鲜桑叶鲜嫩多汁，口味甘甜，经青贮发酵后更是气味清新且具有浓郁的酸香气味。在试验中观察奶山羊采食发现，桑叶组采食速度明显比玉米组快。由此可见，饲粮中添加青贮桑叶有助于改善适口性，增加奶山羊干物质采食量，提高生产性能。

桑叶饲料对羯羊生产性能的影响。多种饲料作物与桑叶饲养肉牛、奶牛、山羊、绵羊、猪及兔等的对比试验表明，桑叶是比较优越的饲料。桑叶的适口性好，对羊无采食障碍，本试验在预试期采取了对各试验组下午采食不限量的做法，以掌握冬季寒冷条件下青贮桑叶、干桑叶和青贮玉米秸秆的采食量上限，进而按照干物质采食量和营养水平基本一致的原则确定了羊只日粮标准和桑叶饲料的添加方案。本研究中，日粮中添加桑叶饲料均能加快羯羊的生长，添加15% ～ 20%的青贮桑叶和添加10% ～ 15%的干桑叶均能显著提高日增重和降低料重比。本试验羊日增重结果与朱万福等、梅安宁等、刘爱君等的研究结果相似，说明日粮中添加一定比例的青贮桑叶或干桑叶可替代玉米秸秆青贮饲料，并能提高生长育肥羊的生产性能。

2. 桑叶对羊肉品质的影响

李伟玲在蒙古羯羊基础日粮中添加不同比例的桑叶后发现桑叶能提高肉羊屠宰率、胴体脂肪、日增重及眼肌面积，且在5% ～ 10%的添加范围内肉羊的生产性能最佳；同时，还提高了肉羊血清中TP含量并降低了BUN含量，增强了肉羊对饲粮中氮利用率的趋势，这有利于羊肉中蛋白质的沉积、增强机体抗氧化能力与免疫能力、改善羊肉品质与风味。

与其他常规饲料相比，桑叶的粗蛋白含量与苜蓿相仿，粗纤维含量也低于大部分牧草和青贮秸秆，且含有多种微量元素和B族维生素、维生素C以及生物活性成分。刘自新等研究发现，用桑枝颗粒替代不同比例的玉米和用桑枝混合青贮饲料替代全株玉米青贮饲料，可以提高滩羊公羔产肉性能，也有增加热胴体重和羊肉嫩度的趋势；李伟玲等研究发现，日粮中添加10%的桑颗粒可以显著提高蒙古羯羊肉品的熟肉率和嫩度，也能增加肌间脂肪的含量和大理石花纹。用青贮桑叶或干桑叶替代常规青贮饲料，对羊只的屠宰性能无不利影响，试验数值还反映出饲用桑叶饲料可提高羊肉的蛋白质营养水平，饲用青贮桑叶可增加羊肉的肌间保水力。试验还发现，日粮中添加桑叶饲料，宰后胴体pH下降速度较缓，这可能对羊肉的新鲜度、肉色等产生积极影响。

3. 桑叶对羊免疫性能的影响

李伟玲在蒙古羯羊饲料中分别添加5%、10%和15%桑叶，对羊免疫性能及抗氧化指标进行检测。结果发现，添加桑叶能够增强肉羊血清中的总超氧化物歧化酶、过氧化氢酶活力及总抗氧化能力，并降低丙二醛含量。其中除试验15d添加5%和15%桑叶组的血清T-AOC显著高于对照组（$P<0.05$）、试验45d5%组血清T-SOD和CAT活力显著高于对照组（$P<0.05$）外，添加桑叶的各试验组之间血清抗氧化能力无显著影响（$P>0.05$）。试验60d，添加桑叶的各试验组均有提高T-SOD含量（$P>0.05$）、T-AOC含量（$P<0.05$）和CAT含量（$P<0.05$），降低MDA含量的作用。添加15%桑叶组的脾脏指数显著高于对照组（$P<0.05$）。试验0～15d，各试验组与对照组相比，除对血清IL-6影响显著外（$P<0.05$）；试验45d，5%组对血清白介素2和白介素6含量的促进作用最显著（$P<0.05$），15%组血清溶菌酶含量显著高于对照组（$P<0.05$）。综上结果表明，添加桑叶对肉羊机体的抗氧化能力有提高作用，同时能够提高肉羊的免疫力。

◆ **主要参考文献** ◆

[1] 陈艳瑞. 1～90日龄关中奶山羊蛋白质营养需要量研究［D］. 西北农林科技大学，2010.

[2] 杜飞. 20～35kg萨福克×阿勒泰杂交母羊能量需要量的研究［D］. 华中农业大学，2012.

［3］戈新，王建华，张宝殉，等.营养水平对崂山奶山羊羔羊生长性能的影响［J］.饲料研究，2011（3）：60-61.

［4］黄汉军.农户饲养条件下关中奶山羊典型日粮与生产性能关系的研究［D］.西北农林科技大学，2005.

［5］贾亚洲，宜光辉，王国军，等.桑叶饲料对绒山羊羯羊生产性能及肉品质的影响［J］.家畜生态学报，2017，38（11）：27-31.

［6］李歆.日粮中不同能量和蛋白水平对西农萨能奶山羊泌乳性能及乳成分的影响［D］.西北农林科技大学，2012.

［7］李伟玲.桑叶对肉羊生产性能、血液生化指标、免疫抗氧化功能和肉品质的影响［D］.内蒙古农业大学，2012.

［8］凌浩，郭水强，李鑫垚，等.青贮桑叶替代青贮玉米对奶山羊生产性能、乳品质、养分表观消化率、瘤胃发酵参数和血清生化指标的影响［J］.动物营养学报，2021，33（6）：3389-3399.

［9］刘自新，李如冲，梅宁安，等.桑饲料对宁夏滩羊屠宰性能及肉质理化指标的影响［J］.黑龙江畜牧兽医（科技版），2011（4）：76-78.

［10］楼灿，刁其玉.绵羊妊娠期和哺乳期能量与蛋白质需要量及测定方法研究进展［J］.饲料研究，2014（1）：16-22.

［11］马功珍，罗军，张雪莹，等.精料粗蛋白质水平对西农萨能奶山羊羔羊生长发育的影响［J］.中国畜牧兽医，2017（5）：1329-1337.

［12］马涛，刁其玉，邓凯东，等.日粮不同精粗比对肉羊氮沉积和尿嘌呤衍生物排出量的影响［J］.中国畜牧杂志，2012（15）：29-33.

［13］聂海涛，施彬彬，王子玉，等.桂泊羊和湖羊杂交F1代公羊能量及蛋白质的需要量［J］.江苏农业学报，2012，28（2）：344-350.

［14］聂海涛，游济豪，王昌龙，等.育肥中后期杜泊羊×湖羊杂

交F1代公羊能量需要量参数观.中国农业科学，2012，45 (20)：4269-4278.

[15] 任杰，康利蕊，高丽华，等.浅谈肉羊生长发育的营养需求与饲料配制 [J].当代畜禽养殖业，2012 (3)：40-41.

[16] 绳贺军，于紫微，樊春，等.日粮中不同能量和蛋白水平对西农萨能奶山羊泌乳性能及乳成分的影响 [C].第三届中国羊业发展大会论文集.中国畜牧业协会，2006.

[17] 史怀平，党立峰，马跃，等.不同蛋白水平颗粒料对西农萨能奶山羊羔羊哺乳期生长发育的影响 [J].家畜生态学报，2016 (12)：24-29.

[18] 田万强，林清，李林强，等.中国奶山羊产业发展现状和趋势 [J].家畜生态学报，2014 (10)：80-84.

[19] 王鹏.肉用公羔生长期 (20 ～ 35 kg) 能量和蛋白质需要量研究 [D].保定：河北农业大学，2011.

[20] 王文奇，侯广田，卡纳提，等.不同饲喂水平对萨福克羊 × 阿勒泰羊杂交肉羊生长和屠宰性能的影响 [C].2010年全国养羊生产与学术研讨会论文集，2010.

[21] 吴浩.桑叶和DDGS在反刍动物饲养中的应用研究 [D].中国农业大学，2015.

[22] 吴敏，罗军，姚大为，等.日粮中不同蛋白质和 L - 赖氨酸水平对西农萨能羊泌乳性能和血浆生化指标的影响 [J].中国畜牧杂志，2013，49 (9)：34-38.

[23] 许贵善.20 ～ 35kg杜寒杂交羔羊能量与蛋白质需要量参数的研究 [D].中国农业科学院，2013.

[24] 许会芬，罗军，朱越，等.日粮中不同能量和蛋白水平对西农萨能羊泌乳量、乳成分及血浆生化指标的影响 [J].黑龙江畜牧兽医（科技版），2013 (1)：1-4.

[25] 严冰，刘建新，姚军.氨化稻草日粮补饲桑叶对湖羊生长性

能的影响 [J].中国畜牧杂志，2002 (01)：36-37.

[26] 杨凤.动物营养学 [M].2版.北京：中国农业出版社，2000.

[27] 杨诗兴，彭大惠，张文远，等.湖羊能量与蛋白质需要量的研究 [J].中国农业科学，1988，21 (2)：73-80.

[28] 于子洋，袁翠林，宋晓雯，等.饲粮粗蛋白质水平对崂山奶山羊生长发育及血清生化指标的影响 [J].动物营养学报，2015 (2)：448-458.

[29] 于子洋，袁翠林，王利华，等.蛋白质水平对崂山奶山羊泌乳性能的影响 [J].中国畜牧杂志，2015，51 (7)：32-36.

[30] 张犁苹，罗军，王慧，等.不同蛋白水平对西农萨能羊泌乳性能的影响 [J].中国畜牧杂志，2012，48 (17)：48-50.

[31] 朱万福，刘自新，李如冲，等.桑枝叶混合青贮育肥滩羊公羔效果 [J].中国草食动物科学，2010，30 (5)：76-77.

[32] Deng K D, Diao Q Y, Jmng C G, et al. Energy requirements for maintenance and growth of Dorper crossbred ram lambs [J]. Livestock Science. 2012, 150 (1): 102-110.

[33] Fernandes M H, Resende K T, Tedeschi LO, et al. Energy and protein requirements for maintenance and growth of Boer crossbred kids [J]. Journal of Animal Science, 2007, 85 (4): 1014-1023.

[34] Galvani D B, Pires C C, Kozloski G V et al. Energy requirements of Texel crossbred lambs [J]. Journal of Animal Science, 2008, 86 (12): 3480-3490.

[35] Galvani DB, Pires C C, Kozloski GV, et al. Protein requirements of Texel crossbred Iambs [J1. Small Ruminant Research, 2009, 81 (1): 55-62.

[36] Liu J X, Yao J, Yan B, et al. Effects of mulberry leaves to replace rapeseed meal on performance of sheep feeding on ammoniated rice straw diet [J] . Small Ruminant Research, 2001, 39 (2):131-136.

[37] Sahlu T, Goetsch A L, Luo J, et al. Nutrient requirements of goats: developed equations, other considerations and future research to improve them[J]. Small Ruminant Research, 2004, 5 (3): 191-219.

第五章

桑叶资源与牛养殖

粗饲料是反刍动物的主要基础饲料，该类饲料包括树叶类、干草类、农副产品类（农作物的荚、蔓、藤、壳、秸、秧等）和糟渣类，可作为饲料使用的树叶类主要有桑叶、松针、槐树叶等。随着我国对禽畜产品的需求量不断增加，发展饲料桑产业是蚕桑产业多元化发展的需要，同时有利于缓解我国畜牧业与饲料产业的供需矛盾。

一、牛对蛋白质饲料的需要

反刍动物能通过瘤胃发酵把低品质的蛋白质转化成高品质的微生物蛋白质，特别是微生物蛋白质含有全部的必需氨基酸。因此，牛的日粮不必特别考虑必需氨基酸的供给（高产奶牛除外）。在设计牛的日粮模型时，重点考虑的是蛋白质的总量供给和非蛋白氮

（NPN）的利用问题。

肉牛日粮中的蛋白质的需求量一般为10%～20%，和能量相比要少得多，因此传统肉牛的饲养往往忽略了蛋白质类饲料的重要性，使育肥效果以及牛肉的品质都不理想。实际上，蛋白质饲料在肉牛生产中起着重要的作用，对肉牛的育肥有着重要的意义。

1. 不同年龄阶段牛对蛋白质饲料的需要

（1）架子牛 在牛舍内进行育肥的、体重300kg左右的架子牛，蛋白质饲料在日粮中的比例可占10%～13%。以后随着体重逐渐增加，蛋白质饲料在日粮中的含量还可有所减少。到育肥末期，蛋白质饲料的含量占日粮10%即可。

（2）3月龄以前的犊牛 在饲养时，由于瘤胃发育和瘤胃微生物区系还很不完善，因此，犊牛与单胃畜禽相似，体内不能合成某些必需氨基酸。所以，在饲养3月龄以前的犊牛时，饲料中应注意采用多种蛋白质饲料（如豆饼、棉籽饼等）进行搭配。多种蛋白质饲料搭配起来后它们所含的氨基酸就可以取长补短、相互弥补，达到平衡的要求。犊牛在生长过程中，身体蛋白质增加很快，蛋白质需要量很大，且年龄越小需要蛋白质的量越大，其日粮中蛋白质饲料的比例可占20%。

（3）6～12个月的犊牛　犊牛体重150～200kg育肥时，日粮中的蛋白质饲料的含量可降至15%左右。以后随着犊牛体重的增加，日粮中蛋白质饲料的含量还可逐步降至12%上下。

（4）用老龄牛育肥　用老龄牛育肥，日粮中的蛋白质饲料的含量只需要10%，但必须多喂玉米、高粱、甘薯干等能量饲料。

（5）育肥高档肉牛　在生产高档牛肉进行强度育肥时，日粮中的蛋白质饲料的含量应比普通牛育肥增加2%～3%。

2. 不同饲养目的牛对蛋白质饲料的需要

牛的蛋白质需要也分为维持需要、增重需要、繁殖需要和产奶需要。牛对可消化蛋白质用于维持、产奶和繁殖的综合效率为65%，用于增重的效率随体重的增加而显著降低，体重在60kg以下时效率为60%；体重在60～100kg时效率为50%；体重在100kg以上时效率为45%。

（1）维持对蛋白质需要　维持对蛋白质的需要量同样与代谢体重（成年牛为$W^{0.75}$，幼龄生长牛为$W^{0.67}$）成正比。一般情况下，每天每千克代谢体重的维持需要可消化蛋白质3.0g，体重为W（kg）的成年牛每天的维持需要可消化蛋白质DCPM＝$3.0W^{0.75}$，体重在200kg以下的幼龄生长牛则为DCPM＝$2.6W^{0.67}$。

（2）增重对蛋白质需要 牛增重时的蛋白质沉积量与增重速度相关，体重为W（kg）的生长牛，在日增重为△W时，蛋白质沉积量为：

$$PG（g/日）＝\triangle W（170.22-0.1731W+0.000178W^2）\times$$
$$（1.12-0.1258\triangle W）$$

换算成可消化蛋白质（DCP）时需要乘以一个换算系数（μ），换算系数与牛的体重有关，体重在60kg以下时，μ＝1.67；体重在60～100kg时，μ＝2.0；体重在100kg以上时，μ＝2.22。每天用于增重的可消化蛋白质数量DCPG＝μPG（g）。

例如，1头体重400kg的育肥牛，预期日增重为1.0kg时每天用于增重的可消化蛋白质计算如下：

$$PG＝1\times（170.22-0.1731\times400+0.000178\times400^2）\times$$
$$（1.12-0.1258\times1）＝128.71（g）$$

体重400kg的育肥牛用于增重时可消化蛋白质的利用效率为45%，换算系数μ＝2.22。这头牛增重的可消化蛋白需要量DCPG＝128.71×2.22＝285.74g。

（3）繁殖对蛋白质需要 母牛妊娠初期胚胎发育较慢，可以不计算妊娠的蛋白质需要，但在妊娠第6个月后，胚胎发育明显加快，必须在日粮中考虑繁殖的蛋白质需要。一般情况下，妊娠的第6、7、8和9个月，每天分别需要增加50g、95g、165g和260g的可消化蛋白质。

（4）产奶对蛋白质需要　产奶的蛋白质需要取决于产奶量和奶蛋白质浓度。按每千克乳脂率为4.0%的标准乳含蛋白质36g计算，每产奶1kg需要可消化蛋白质的量为：

$$DCPL = 36 \times 1.59 = 57.25g$$

（可消化蛋白质用于产奶的效率为63%）。

加上10%的安全余量，每千克标准乳需要可消化蛋白质63g。日产奶量 x kg的奶牛每天产奶的可消化蛋白质需要量DCPL＝63× x （g）。如产奶量为30kg/d的奶牛每天产奶的可消化蛋白质需要量为：

$$DCPL = 30 \times 63 = 1890g（郑培育等，2020）。$$

二、桑叶在牛养殖中的应用

桑叶性味甘，对反刍动物有很好的适口性，且粗纤维含量低，约为8% ～ 15%，易消化吸收。桑叶还可以有助于瘤胃内纤维分解菌的繁殖，并增加在纤维物质颗粒上的附着，可以改善反刍动物瘤胃的生态环境，具有催化性补饲的作用，从而提高饲粮的采食量和消化率。

大量研究表明，在牛生产上合理利用桑叶，可以在不对牛只生产性能造成影响的情况下，有效改善牛养殖的经济效益。以往大都是直接将桑叶或者桑叶加桑枝杆茎等直接饲喂牛只，这种方式虽然可以有效提高生产效益，但桑叶的利用存在一定局限，主要是桑叶添加量受限。未经处理的桑叶直接过量添加到牛只饲料中，会导致牛生产性能下降，主要原因是桑叶中的抗营养因子单宁以及植酸对牛只消化吸收功能有影响。将桑叶进行发酵处理后，可以有效提高桑叶在牛只养殖中的应用比例，有效改善牛只的生产性能。研究还发现，发酵桑叶可以有效改善肉牛瘤胃中的菌群丰度，为瘤胃中菌群发挥发酵消化功能提供帮助。

1. 桑叶对牛生长性能与经济效益的影响

有试验指出，在生长育肥牛饲粮中添加20%的发酵桑叶，对牛只的生产性能没有不良影响，同时每公斤牛饲料可以节省0.29～10.49元成本，有效改善了牛只养殖的经济效益。发酵桑叶在牛饲料中添加量达到22.5%时，可以有效改善牛只的胴体品质，提高牛只屠宰的胴体屠宰率，以及牛只的背最长肌的眼肌面积。吴配全等研究发现，日粮中添加桑叶对生长肥育期牛的日增重、采食量、血液生化指标等无显著影响，但添加10%～20%的发酵桑叶可显著降低饲养成本，约下降0.29～0.49元／kg，且添加20%的桑叶有增加肉牛血液中低密度脂蛋白和高密度脂蛋白的趋势。吴浩等研究桑叶在肉牛生产中的应用发现，发酵桑叶在7.5%～22.5%添加水平时每千克肉牛增重饲养成本下降1.60～1.64元；同时不影响育肥牛屠宰性能、肉品质，但有利于肌内脂肪酸形成，改善牛肉风味。在湘西杂交育肥黄牛饲粮中添加不同比例的青贮桑叶，能够增加湘西杂交育肥黄牛的干物质采食量，提高生产性能。李莉等的研究结果表明，以10%和15%添加干桑叶可以提高郏县红牛的平均日增重、平均日采食量，20%比例组低于对照组，但无显著影响，各试验组料重比均低于对照组，差异显著。

Uribe等报道，桑叶作为犊牛的补充料，可以节省代乳料的消耗量，并促进犊牛瘤胃的发育和生长。Gonzale等研究发现，0～4月龄小犊牛限制性哺乳时，桑叶可以代替50%精料，并且不影响其生产性能；桑叶代替25%精料时，生产性能最好、饲养成本最低。郭建军等（2010）在20～24月龄西门塔尔与本地牛杂交的后代公牛育肥精料中分别添加桑叶粉10%和20%，结果使牛平均日增重分别提高16.1%和9.1%，养殖效益分别增加405元和229.5元。马双马等给西门塔尔×夏洛来牛后代育成牛每天中午饲喂一次桑叶，62d后饲喂桑叶组牛被毛细密，柔顺有光泽，皮肤有弹性，颈及肩胛部宽厚，且肌肉丰满，腹部大而圆；而对照组牛毛长而厚，无光泽，腰角突出，躯体显瘦小；在经济效益方面，添加桑叶的牛个体平均日增重0.565kg，对照组平均日增重0.347kg，经济效益提高显著。桑叶能够提高产奶量，还能提高牛的繁殖性能。在种公牛日粮中添加5%桑叶粉能使种公牛的射精量、精子活力、精子密度及顶体完整率大幅提高，并使精子畸形率极显著下降。

2. 桑叶对牛屠宰性能的影响

屠宰率、净肉率、眼肌面积是肉牛胴体品质高低的重要评定指标。肉牛的胴体产肉率和屠宰率数值反映了活体肉牛生产牛肉数量的大小。肖建中等的试验结果显示，与对照组相比，饲料中添加30%发酵桑叶可显著提高新晃黄牛眼肌面积。李莉等的研究结果显示，以10%、15%和20%的比例添加干桑叶饲喂郏县红牛后，与对照组比较，各试验组的胴体产肉率、屠宰率、净肉率差异性不显著（$P > 0.05$），3个试验组之间差异也不显著（$P > 0.05$）。李昊帮等在研究不同添加比例发酵桑叶对湘西黄牛×利木赞杂交F1代育肥牛屠宰性能的影响研究中，在各组饲粮中发酵桑叶添加比例分别为0（CG组，对照组）、10%（LG组）、20%（MG组）和30%（HG组），对屠宰性能的检测结果发现，HG组屠宰率和净肉率为59.07%、47.35%，屠宰率比CG组、LG组和MG组分别提高了0.64%、1.89%和1.00%，净肉率分别提高了0.47%、0.58%和0.41%，但差异不显著（$P > 0.05$）。与CG组相比，LG组、MG组和HG组眼肌面积分别提高了$10.21cm^2$、$9.97cm^2$、$11.97cm^2$）。

曲培滨等选取20头20日龄初生荷斯坦公犊牛，利用桑叶黄酮和热带假丝酵母单独或联合添加的方式饲喂。结果发现，桑叶单独添加组和热带假丝酵母单独添加组均显著提高了犊牛的宰前活重和胴体重，桑叶添加组的眼肌面积显著高于对照组；与对照组相比，热带假丝酵母组显著提高了熟肉率，桑叶组和热带假丝酵母组均显著提高了pH值，提升幅度分别为5.28%和4.55%，pH变化均在正常范围内；同时，与对照组相比，三个添加组的皮+毛重量均显著增加；桑叶组显著增加了心脏重量，假丝酵母组显著增加了肝脏重量；两者均显著增加了脾脏和肺脏重量，并显著提高了脾脏所占宰前活重比例；与对照组相比，桑叶组、热带假丝酵母组和联合添加组均显著提高了犊牛的全胃重量、瘤胃重量、瘤胃占宰前活重比例；联合添加组显著提高了瘤胃占全胃总重的比例、瓣胃重量和大肠重量；联合添加组皱胃占全胃比例显著低于其他三组。以上结果表明，在幼龄犊牛日粮中添加桑叶黄酮和热带假丝酵母菌显著提高了犊牛粗脂肪、中性洗涤纤维和酸洗洗涤纤维的表观消化率，促进了胃肠道和组织器官的发育，进而提高了犊牛的生产性能和肉品质。

3. 桑叶对牛肉品质与牛奶品质的影响

饲粮中营养水平的高低会直接影响肌肉内脂肪含量的多少和脂肪酸的构成，进而影响肉的风味性状中的嫩度和多汁性。脂类在动物体内的蓄积程度主要取决于受饲粮因素影响较大的脂肪沉积率，并且首先为皮下组织，其次为肌肉组织和内脏器官。一定的肌间脂肪可以提高牛肉品质和改善牛肉风味。大理石花纹是肌肉内脂肪在牛肉组织分布而形成的可见花纹，其等级与动物饲粮成分、年龄和育肥时间长短有关，也是衡量牛肉品质的重要指标。

肉中脂肪酸的组成决定肉的氧化稳定性和脂肪组织的坚硬度，从而影响肉的嫩度和肉色。脂肪酸分为饱和脂肪酸和不饱和脂肪酸，是机体内的主要能源之一。其中，不饱和脂肪酸是肉食有香味的重要前体物质。不饱和脂肪酸中有 ω-3 系的 α-亚麻酸、ω-6 系的亚油酸、ω-9 系的油酸。亚油酸、α-亚麻酸具有降低胆固醇和血液黏稠度的功效，是人体不能合成的必需脂肪酸，需要从膳食中获取。随着干桑叶添加比例的增加，饱和脂肪酸含量逐渐下降，而不饱和脂肪酸随着干桑叶添加比例的增加而升高。试验表明，日粮中添加桑叶可以提高牛肉不饱和脂肪酸中亚油酸与 α-亚麻酸的含量，进而提高肉的风味和牛肉品质。

李莉等以10%、15%和20%的比例添加干桑叶饲喂郏县红牛后发现，除20%组背膘厚度低于对照组外，10%、15%试验组均高于对照组，且差异显著，分别提高了5.97%、30.64%；15%组郏县红牛背膘厚度显著高于其他各组，15%组郏县红牛的大理石纹等级数值为2.82，显著高于对照组。这表明饲粮中添加干桑叶有利于肉牛脂肪组织的沉积，且更倾向于皮下脂肪组织的沉积。

冯兴龙等研究了不同粗饲料对秦川牛肉质性状的影响表明，饲粮中分别添加桑叶、苜蓿、青贮玉米和麦草，桑叶组中的蛋氨酸、组氨酸和赖氨酸含量明显高于其他3组，说明饲粮添加桑叶可以一定程度提高肉质鲜味，促进秦川牛的消化吸收功能。郏县红牛在饲喂桑叶后，其肌肉蛋氨酸、赖氨酸和组氨酸含量均高于对照组，其中，饲粮中添加20%干桑叶分别提高了6.35%、3.49%和3.49%，这与冯兴龙等的结果一致。10%、15%和20%试验组的总氨基酸比对照组也分别提高了1.57%、2.07%和3.79%，这表明添加干桑叶可以一定程度上提高肉的风味。

4. 桑叶对牛泌乳性能及乳品质的影响

郭建军等（2011）在奶牛精料中分别添加桑叶粉3%、5%和10%，结果3%和5%水平添加组奶牛的乳脂率和乳中干物质含量显著提高，3个水平添加组奶牛乳中的维生素E含量极显著升高。这表明，添加桑叶能够提高牛奶的营养价值及其品质。

李胜利等在奶牛饲料中添加一定量饲用桑叶粉，记录奶牛的产奶量，检测乳脂率、乳蛋白率和体细胞数并进行统计分析，从而评定饲用桑叶粉对奶牛生产性能的影响。结果表明，饲用桑叶粉能够延缓奶牛泌乳曲线的下降速度，有增加牛奶产量的趋势，但差异不显著。乳脂率有所下降，但是与对照组差异不显著；添加饲用桑叶饲料可以显著提高乳蛋白率（$P < 0.05$）和明显降低体细胞数。

王嘉琦等探究了青贮桑枝叶对奶牛泌乳性能及血液代谢的影响。选取36头泌乳中期荷斯坦奶牛并分为3组，每组12头。对照组饲喂牧场基础日粮，试验组分别添加5%和10%的青贮桑枝叶替代部分青贮玉米。结果发现，青贮桑枝叶替代奶牛部分日粮对各组奶牛干物质采食量及营养成分的表观消化率无显著影响。随着桑枝叶青贮替代量的提高，乳脂率、乳脂及乳糖产量显著提高，青贮桑枝叶添加量为4%的试验组饲料转化率有提高的趋势。各组间产奶量、4%乳脂矫正乳（FCM）、4%能量矫正乳（ECM）、乳蛋白产量、乳蛋白率、乳糖率、总固体含量无显著差异，但青贮桑枝叶替代组效果优于对照组。这些结果提示，青贮桑枝叶可以有效改善奶牛泌乳性能。

5. 桑叶对牛免疫性能的影响

王嘉琦等饲喂青贮桑枝叶并探究其对奶牛血液代谢的影响。结果表明，青贮桑枝叶替代部分日粮对各组间血液、肝脏、能量代谢相关指标均无显著影响（$P >$ 0.05）。SOD含量随青贮桑枝叶替代量增加而升高，极显著高于对照组（$P < 0.01$），5%桑叶组MDA含量显著低于对照组（$P = 0.04$），10%桑叶组IgA含量显著高于对照组（$P = 0.02$）。这些结果说明，青贮桑枝叶可以改善牛血液抗氧化能力。罗阳等以不同比例发酵桑叶饲喂湘西黄牛×利木赞杂交F1代育肥牛，检测其对血清抗氧化及免疫指标的影响。结果发现，饲粮中添加发酵桑叶能降低湘西杂交育肥黄牛第30、60天血清MDA含量，30%发酵桑叶组第30天血清MDA含量显著低于CG组。10%发酵桑叶组和30%组第60天血清CAT活性显著高于20%组。各组血清SOD活性和T-AOC差异不显著。各组血清IgA、IgG、IgM和C4含量差异不显著。10%组第30天血清C3含量显著低于对照组。这表明，饲粮中添加发酵桑叶能够促进湘西杂交育肥黄牛的生长，降低血清MDA含量，从而调节动物的抗氧化功能。肖建中等在饲料中添加不同水平发酵桑叶，发现能够显著改善新晃黄牛血液抗氧化能力。

6. 桑叶对牛瘤胃微生物的影响

崔振亮等研究了不同青贮桑叶添加量对瘤胃微生物区系的影响，结果发现青贮桑叶添加量对瘤胃细菌群落结构有影响，但对细菌多样性没有显著影响。王嘉琦等探究了青贮桑枝叶对奶牛瘤胃内环境的影响。结果显示，随着桑枝叶替代量的提高，丙酸浓度显著提高，瘤胃乙（酸）丙（酸）比显著降低，青贮桑枝叶替代部分日粮可以极显著改变奶牛瘤胃细菌菌落结构，对瘤胃微生物多样性无显著影响。在三组样本中共检测到16门247属的微生物。在门水平上，三组中的优势菌门均为拟杆菌门、厚壁菌门及变形菌门，随青贮桑枝叶替代量提高，拟杆菌门细菌丰度极显著降低；相比于对照组，5%组和10%组拟杆菌门丰度分别降低20.97%和28.98%；厚壁菌门及变形菌门细菌丰度提高，但组间差异不显著，5%组和10%组厚壁菌门丰度较对照组分别提高30.88%和34.95%，10%组变形菌门丰度极显著高于对照组。在属水平上，相比于对照组，5%组和10%组普雷沃氏菌属丰度分别降低29.66%和36.14%，10%组琥珀酸弧菌科UCG-001丰度提高68.69%，5%组瘤胃球菌NK4A214及琥珀酸菌的丰度分别提高33.15%和73.62%。LEfSe差异物种判别分析结果表明，10%组具有纤维降解功能的厚壁菌门细菌（毛螺菌属、球菌科、粪球菌属、乳杆菌属）和变形菌门的脱硫弧菌等与乳脂合成呈相关的细菌丰度显著提高。瘤胃发酵参数相关性分析结果显示，共有8种细菌与丙酸浓度呈显著正相关，均属于厚壁菌门；4种与丙酸浓度呈显著负相关，均属于拟杆菌门。以上结果提示，青贮桑枝叶替代部分日粮可提高瘤胃内与纤维降解、乳脂合成及丙酸生成相关的厚壁菌门的细菌丰度，进而改变瘤胃发酵模式，提高奶牛乳脂率。综上所述，青贮桑枝叶作为奶牛饲料可通过影响奶牛瘤胃发酵模式及微生物组成，促进饲料纤维降解、瘤胃丙酸生成及乳脂合成，提高泌乳中期牛奶的乳脂率、乳脂产量、乳糖产量和血液抗氧化能力，进而改善奶牛的生产性能。

7. 桑叶在牛瘤胃中的降解特性

桑叶作为蛋白饲草来源的潜力很大，但是还需要考虑其在动物体内的消化吸收情况。动物对饲料的消化率可以用饲草的降解特性来体现。尼龙袋法是一种半体内法，能够比较真实地反映出饲草在瘤胃内的降解情况，且能直观地说明饲料的营养价值。干物质瘤胃降解率的高低可以反映饲料被消化的难易程度。

干物质是衡量有机物积累、营养成分含量的一个重要指标。在肉牛瘤胃降解实验中，桑叶干物质的降解率随时间的延长逐渐增大，72h时达到80%以上。可见桑叶干物质降解率较高，也从一定程度上表明牛对于桑叶干物质的消化率较高。通过一些消化实验得出，桑叶的消化率最高能达到90%。干物质瘤胃降解率会直接影响肉牛的干物质采食量，干物质的有效降解率越高，则滞留在消化道内的残留物就越少，可以促进肉牛采食，有利于肉牛的育肥。

高月娥等研究发现，粗蛋白的降解率在36h时已经达到90%，与48h、72h差异不显著，说明在36h时粗蛋白消化已达最大。桑叶粉蛋白质富含多种氨基酸，以谷氨酸的含量最高，其占氨基酸总量的12%左右。牛瘤胃的特殊结构和作用能使其够借助微生物来利用有效纤维，维持瘤胃的生态环境及营养物质的平衡，可以刺激牛的反刍，分泌唾液，从而提高其采食量。

◆主要参考文献◆

[1] 崔振亮，孟庆翔，吴浩，等. PCR-DGGE技术研究青贮桑叶对肉牛瘤胃细菌区系的影响 [J]. 饲料研究，2011 (01):1-4.
[2] 丁鹏，李霞，丁亚南，等. 发酵饲料桑粉对宁乡花猪生长性能、肉品质和血清生化指标的影响 [J]. 动物营养学报，

2018, 30 (5):1950-1957.

[3] 冯兴龙, 赵春平, 熊锋, 等. 不同粗饲料对秦川肉牛生长发育及血液生化指标的影响 [J]. 西北农林科技大学掌报 (自然科学版), 2016, 44 (9): 10-16.

[4] 高月娥, 杨凯, 刘建勇, 等. 4种非常规饲料在肉牛瘤胃内降解特性的研究 [J]. 饲料研究, 2022, 45 (15):9-14.

[5] 何亮宏, 陈国顺, 权群学, 等, 桑叶粉对生长肥育猪生长性能、屠宰性能、肉质及风味的影响 [J]. 中国畜牧杂志, 2018, 54 (8): 68-74.

[6] 何亮宏, 陈国顺, 权群学, 等, 日粮中添加桑叶粉对生长育肥猪肉质和肌肉中氨基酸含量的影响 [J]. 中国畜牧杂志, 2019, 54 (1): 16-23.

[7] 黄文明, 谭林, 王芬, 等. 酵母培养物对育肥牛生长性能、屠宰性能及肉品质的影响 [J]. 动物营养学报, 2019, 31 (3): 1317-1325.

[8] 蒋小碟, 谢谦, 宋泽和, 等. 发酵桑叶的营养价值及其在动物生产上的应用 [J]. 动物营养学报, 2020, 32 (1):54-61.

[9] 李昊帮, 罗阳, 肖建中, 等. 发酵桑叶对湘西黄牛×利木赞杂交F1代育肥牛屠宰性能、肉品质及肌肉中氨基酸、脂肪酸含量的影响 [J]. 动物营养学报, 2020, 32 (1):244-252.

[10] 李莉, 苏玉贤. 日粮添加干桑叶对郏县红牛生长性能、屠宰性能和肉质形状影响的研究 [J], 饲料研究, 2020, 43 (3):12-16.

[11] 李胜利, 郑博文, 李钢, 等. 饲用桑叶对原料乳成分和体细胞数的影响 [J]. 中国乳业, 2007 (7):60-61.

[12] 梁文秀. 蛋白质饲料在肉牛生产中的应用, 2016, 现代畜牧科技, 2016, (6): 73.

[13] 刘爱君, 李素侠, 吴国明, 等. 鲜桑叶对育肥猪增重效果的

对比 [J].中国牧业通讯，2007 (18)：76-77.

[14] 刘子放，邝哲师，叶明强，等.桑枝叶粉饲料化利用的营养及功能性研究 [J].广东蚕业，2010，44 (4)；24-28.

[15] 罗阳，李昊帮，肖建中，等.发酵桑叶对湘西黄牛×利木赞杂交F1代育肥牛血清生化、抗氧化及免疫指标的影响 [J].动物营养学报，2020，32 (10)：4914-4921.

[16] 曲培滨.桑叶黄酮和热带假丝酵母对犊牛生长性能、屠宰性能、肉品质及血清指标的影响 [D].河北工程大学，2015.

[17] 田志梅，马现永，崔艺燕，等，桑叶的营养成分及其开发应用 [J].饲料研究，2018 (1)：88-94.

[18] 王嘉琦.青贮桑枝叶对奶牛泌乳性能、血液代谢及瘤胃内环境的影响 [D].浙江：浙江大学，2021.

[19] 王亚男，冯曼，周英昊，等.日粮中添加发酵桑叶对与肥猪生长性能和肌肉中氨基酸、脂肪酸含量的影响 [J].黑龙江畜牧兽医，2019 (18)：57-60.

[20] 吴浩，孟杰，彭春雨，等.发酵桑叶添加水平对肉牛生长性能、血液生化指标和屠宰性能的影响 [C].中国畜牧兽医学会动物营养学分会第十一次全国动物营养学术研讨会论文集.2012：583-583.

[21] 吴配全，任丽萍，周振明，等.饲喂发酵桑叶对生长育肥牛生长性能、血液生化指标及经济效益的影响 [J].中国畜牧杂志，2011，47 (23)：43-46.

[22] 肖建中，刘耕，李一平，等.发酵桑叶对新晃黄牛生长性能、血液生化指标、屠宰性能和肉品质的影响 [J].蚕业科学，2019，45 (1)：116-121.

[23] 郑培育，于越，于昆朋，等.牛对蛋白质的需要 [J]，中国畜禽种业，2020，16(9)：107.

[24] Halas V, D ijkstra J, Babinszky L, et al. Modelling of

nutrient partitioning in growing pigs to predict their anatomical body composition. 2. Model evaluation [J]. British Journal of Nutrition, 2004, 92 (4):725-734.

[25] Wood D, Enser M, Fisher A V, et al. Fat deposition, fatty acid composition and meat quality: a review [J]. Meat Science, 2008, 78 (4):343-358.

第六章

桑叶资源与禽类养殖

桑叶作为一种非常规饲料资源，具有丰富的营养价值和很好的适口性，对提高畜禽生产性能和免疫力、降低养殖成本具有明显的效果，但目前在畜禽饲料中仅限于初级应用。在满足畜禽营养需要的前提下，研究运用化学技术、生物技术去除桑叶中的抗营养因子，提高桑叶在畜禽饲料中的使用量，是今后科学应用桑叶饲料的主要研究方向。

一、禽类对蛋白质饲料的需要

畜禽机体所需蛋白质主要通过摄食饲粮中的粗蛋白质（CP）经胃肠道消化分解为氨基酸、多肽以及酰胺等含氮化合物，然后经肠道上皮细胞吸收进入血液运输到各个组织器官。

畜禽摄入过量的蛋白质不仅会降低饲粮蛋白质的利用率，影响生产性能，而且还会增加粪便和尿液中氮、磷的排放，导致蛋白质发酵产生臭味。此外，饲粮蛋白质水平过高会导致畜禽粪、尿中氨气排放增加，造成环境污染，并且不利于畜禽健康养殖。因此，在保障畜禽正常生长和生产性能的前提下，开发高效的低蛋白质氨基酸平衡饲粮体系已成为动物营养研究领域中的热点。

（一）鸡对蛋白质饲料的需要

研究人员对快速型黄羽肉鸡不同生长阶段对于饲料中蛋白质的需要量进行了系统的研究，通过对公鸡和母鸡1～21日龄、22～42日龄和43～60日龄3个阶段生长过程中生长性能指标，例如平均日增重和料重比等数据和饲粮中蛋白质的含量进行相关分析研究。发现快速生长型黄羽肉鸡公鸡和母鸡在1～21日龄蛋白质的需求量分别为22%和20.8%（饲料中含量，下同），每天对于蛋白质的需要量分别在6.54g和5.48g。快速型黄羽肉鸡公鸡和母鸡在22～42日龄对饲粮中蛋白质的需求量在19.4%和17.5%，每天对于蛋白质的需求量分别为16.2g和12.7g，快速型黄羽肉鸡公鸡和母鸡在43～60日龄对于饲粮中蛋白质的需要量在18.1%和17.4%，每天对于蛋白质的需要量在24.4g和23.2g。我国有关研究单位对于黄羽肉鸡饲粮中蛋白质需求量的研究主要集中在慢速型黄羽肉鸡，研究的优势主要在于以实际消费市场为导向，但是存在对于蛋白质的实际需求量研究的精度不够准确，同时覆盖面较低，对于实际的黄羽肉鸡养殖没有良好的指导作用。研究发现，以文昌鸡为例，通过分析其平均日增重和蛋白质之间的相关关系，文昌鸡在75～130日龄养殖阶段中对于蛋白质的需求量为13.1%左右，通过对茶花鸡饲粮中蛋白质和平均日增重的分析发现，茶花鸡在0～42日龄阶段养殖中对于蛋白质的需求量在21.9%左右，每天对于蛋白质的需求量在4.39g左右。研究发现慢速型黄羽肉鸡养殖中0～42日龄阶段对于饲粮中蛋白质的需要量较高，与快速型黄羽肉鸡0～21日龄阶段养殖中对于蛋白质的需要量相接近。这主要是由于慢速型黄羽肉鸡在前期养殖阶段中采食量相对较低，同时每天对于蛋白质的摄入量显著低于快速型黄羽肉鸡。

（二）鸭对蛋白质饲料的需要

蛋白质是肉鸭蛋白质代谢与组织生长所必需的物质。蛋白质的需要量是由肉鸭的生长速度与其蛋白质沉积能力和蛋白质利用效率所决定的。影响肉鸭蛋白质需要量的另一个重要因素是其羽毛的生长。肉鸭日粮中蛋白质水平降到16%以下会导致羽毛生长不良。麻鸭生长前期适宜的代谢能与粗蛋白水平分别为12.19MJ/kg、20%，中期分别为12.19MJ/kg、18%，后期分别为11.49MJ/kg、16%。

肉鸭生长速度较快，对蛋白质、氨基酸的需要量也较高。日粮蛋白质中的氨基酸组成与比例，直接影响肉鸭的生长以及饲料利用率。在高蛋白质水平下，降低赖氨酸与蛋氨酸水平都能降低肉鸭的生产性能。北京鸭后期（4～7周龄）赖氨酸、含硫氨基酸、苏氨酸以及色氨酸的理想模式（比例）为100∶86∶73∶23。

（三）鹅对蛋白质饲料的需要

若0～4周龄豁眼鹅的日粮粗蛋白质水平范围为17.5%～20%，其体增重差异不显著。但日粮粗蛋白质水平对5～8周龄豁眼鹅的料重比影响差异显著，该阶段肉鹅日粮的最佳粗蛋白质水平为16%。若30～60日龄固始白鹅日粮的蛋白水平在13.5%～15.2%，能够获得良好的生产性能。若溆浦鹅种鹅糙米型日粮的代谢能为11.0MJ/kg，则肉鹅的最佳蛋白水平为16%，最佳蛋能比为14.5g/MJ。

在合浦肉仔鹅日粮中添加1.00%赖氨酸、0.45%蛋氨酸和0.55%苏氨酸，其生长性能最佳。而固始白鹅的日粮赖氨酸、蛋氨酸和苏氨酸水平分别为0.90%、0.48%和0.60%时，其能获得理想的生长性能。

二、桑叶在禽类养殖中的应用

桑叶在家禽的养殖生产中应用较多，不同研究表明在鸡饲粮中添加桑叶粉对蛋鸡产蛋性能的影响有差异，但都报道桑叶粉可以显著提高蛋品质。

1. 桑叶在鸡养殖中的应用

（1）桑叶对蛋品质的影响　有研究在罗曼蛋鸡饲粮中分别添加3%、6%、9%和12%的桑叶粉。结果表明，不同组间日产蛋量随着桑叶粉添加量的增加而下降；试验组的总产蛋量、平均产蛋率、平均蛋重均低于对照组，其中桑叶粉添加量为9%和12%时的平均蛋重和产蛋率与对照组相比显著降低。用桑叶粉分别代替罗曼褐蛋鸡基础饲粮的2%、4%、6%和8%，结果发现，平均日采食量和平均日产蛋量随桑叶粉替代比例的增加而逐渐下降，各试验组的蛋黄色泽均极显著提高；桑叶粉替代比例达到8%时血清总蛋白、球蛋白及白蛋白水平显著下降，产蛋量和平均日采食量极显著下降，但对蛋黄重量及胆固醇、高密度和低密度脂蛋白含量以及蛋壳厚度和蛋壳强度等蛋品质指标无显著影响。张雷等研究表明，在海兰灰蛋鸡饲粮中添加5%、10%、15%的桑叶粉时，产蛋率、蛋重和产蛋量等指标均低于对照组，其中，15%添加组与对照组相比差异显著，3个添加组的蛋黄色泽与对照组相比均差异显著，10%、15%添加组的蛋清哈夫单位较其他2组有显著提高。用桑叶粉分别代替农大矮小型蛋鸡基础饲粮的2.5%、5.0%、7.5%和10.0%，结果表明，蛋黄颜色随着桑叶粉添加量的增加而逐渐变深，添加桑叶组的蛋黄饱和脂肪酸含量较对照组显著降低，多不饱和脂肪酸与单不饱和脂肪酸含量较对照组极显著提高，5.0%和7.5%添加组的必需氨基酸总量较对照组极显著增加，10%添加组蛋黄中维生素E含量比对照组提高近3倍，添加桑叶组的鸡蛋无论在气味上还是在口感上都比对照组好。孙振国等在蛋鸡饲粮中添加桑叶粉后也发现，添加桑叶粉能极显著提高蛋黄色泽、红度值，能极显著提高β-胡萝卜素、维生素E、单不饱和脂肪酸和多不饱和脂肪酸及卵磷脂的含量，提高鸡蛋的营养品质。

赵春晓等（2007）也得到类似的结果，即饲喂桑叶粉的鸡试验初期采食量有下降趋势，但生理状况正常，无破蛋、软蛋和畸形蛋，主要蛋品质指标和蛋黄主要营养成分含量也无显著变化。而后期产蛋量和饲料效率有所降低，其中添加量越高则影响越大。添加桑叶粉能提高蛋黄黄度、改善鸡蛋感官性状，而且桑叶粉添加量越大效果越明显。饲喂桑叶粉导致前期采食量降低，可能与这一阶段动物不能很快适应桑叶有关；而产蛋量下降则可能归因于桑叶含有的单宁影响蛋白质利用和阻止机体对钙的吸收；蛋壳硬度增加是因为桑叶中钙含量较高，使鸡有更多的钙用于蛋壳的合成。

（2）桑叶对鸡生长性能的影响　有研究表明，添加桑叶粉会导致肉鸡生长速度减缓、降低肉鸡的生长性能。有研究发现，在蛋鸡配合饲料中添加5%以内的桑叶粉对蛋鸡的生产性能及蛋品质没有显著影响，添加7%的桑叶粉则降低了蛋鸡的采食量、产蛋量和产蛋率。王军等研究表明，饲料中添加3%和5%的桑叶粉，显著降低了蛋壳破损率，蛋黄色级显著提高，并对蛋鸡的产蛋量和蛋重有不同程度的提高，但5%添加组的产蛋量比3%添加组的产蛋量有所减少，这可能是由于桑叶中的抗营养因子单宁干扰了蛋白质的利用，阻碍了钙的吸收，从而引起产蛋量的下降。吴萍等研究发现，桑叶能够显著提高肉鸡的日增重、全净膛率以及半净膛率，以添加4%的桑叶粉效果最佳。黄静等报道，日粮中添加5%、10%、20%的桑叶粉和发酵桑叶粉显著降低胡须鸡的平均日增重，但是发酵桑叶粉较未发酵桑叶粉对胡须鸡生长的负作用有所改善。张雷等报道，日粮中添加5%和10%桑叶粉会提高仙居鸡的料重比，且10%的桑叶粉料重比更高。

（3）桑叶对鸡肉品质的影响　由于桑叶的氨基酸组成中，谷氨酸的含量最高，而谷氨酸在糖代谢与蛋白代谢中起重要作用，能够在一定程度上调节饲料氨基酸的平衡，因而在鸡饲料中添加适量的桑叶粉能够提高鸡肉的风味与肉质。

添加桑叶粉具有降低广西青脚麻公鸡腹脂率、肌内脂肪含量和肌肉不饱和脂肪酸含量及ω-6与ω-3的比值，提高肌肉不饱和脂肪酸、ω-3脂肪酸含量的效果。在淮南麻黄鸡饲粮中添加3%、5%和7%的桑叶粉对肉鸡增重、料增重比和屠宰性能的影响均不显著，但都能改善肉色，且饲粮中添加3%的桑叶粉可显著提高肌肉中苏氨酸、亮氨酸、酪氨酸、苯丙氨酸、组氨酸的含量。常文环等报道，日粮中添加10%桑叶粉后，肉鸡增重明显下降，但是肉鸡的风味品质显著提高，包括鸡肉的嫩度、鲜味和氨基酸沉积。日本北海道家禽养殖研究所的研究人员给出栏前4周的肉鸡饲喂添加3%桑叶粉的饲料。结果表明，与不喂桑叶粉的肉鸡相比，添加桑叶使得鸡肉肉质更细、香味更浓；添加了桑叶的鸡粪，其氨气浓度由40mg/kg降到了30mg/kg，臭气明显减轻。

（4）桑叶对鸡免疫力的影响　有研究发现，肉鸡新城疫（ND）疫苗免疫前3d每只鸡口服4mg、8mg桑叶多糖，并连用7d，能够显著提高血清ND抗体滴度、肉鸡体增重，并且血清中白细胞介素-2（IL-2）、干扰素-γ（IFN-γ）、免疫球蛋白A（IgA）浓度及盲肠扁桃体中IgA细胞的生成速率皆显著提高，使得气管和肠道黏膜的免疫功能均得到增强。由此可见，桑叶多糖能提高ND疫苗的免疫效果，具有一定的增强免疫力作用，有待进一步开发为免疫增效剂。桑叶中其他生物活性物质提高肉鸡免疫力的研究有待进一步开展。苏海涯等研究发现，桑叶的天然活性物质对畜禽具有免疫保健作用，能够防止禽流感的发生、提高畜禽的抗病力，有利于畜禽健康快速地生长。

另外，sudo等（2000）还发现。在蛋鸡日粮中添加10%的桑叶粉，可以明显减少粪便中的氨气含量，而对粪中硫化氢含量没有影响，表明添加桑叶对家禽粪便除臭有明显的作用。

从上述结果可以发现，添加较低比例的桑叶粉能够显著提高鸡免疫性能、肉鸡日增重和蛋品质，但添加量过高则会影响肉鸡生长，这主要是因为桑叶中存在一定含量的粗纤维和单宁等物质，桑叶粉添加量过高造成肉鸡日粮中粗纤维与单宁含量提高，分别影响肉鸡的采食量与消化率。发酵处理桑叶粉能够在一定程度上减少桑叶粉中的抗营养因子，因而发酵桑叶粉饲喂效果优于未经处理的桑叶粉。

2. 桑叶在鸭养殖中的应用

王峰军报道，出栏前4周的肉鸭，饲料中添加3%桑叶粉，与不加桑叶时对比，肉质更细、香味更浓、口感更好。刘凯等研究了添加桑树茎叶发酵饲料对绍兴麻鸭产蛋性能的影响。结果发现麻鸭粪中粗蛋白含量从

22.5%提升至实验前期时的22.6%，添加发酵饲料后降低为20.0%，表明添加茎叶发酵饲料后蛋鸭的饲料消化吸收更加充分；添加桑树茎叶发酵饲料饲喂后第6天时，日产蛋个数由0.812枚增加为0.85枚，增加了0.038枚，日产蛋量由50.1g提高为52.1g；在料蛋比方面，添加桑树茎叶发酵饲料后，3800只蛋鸭的料蛋比从2.172:1降至2.09:1，相当于该批蛋鸭增加产蛋5kg，同时节省饲料10.2kg。以上数据表明，使用添加发酵桑树茎叶饲料的蛋鸭饲料消化吸收率明显提高，同时蛋鸭产蛋率和产蛋量有所改善，可以降低料蛋比，节约饲料。

3. 桑叶在鹅养殖中的应用

赵卫国等在扬州鹅的基础饲料中分别添加0、2%、4%、6%和8%5种不同质量分数的桑叶粉，分析添加桑叶粉对扬州鹅饲料利用率以及鹅生长性能、生理生化指标和屠宰性能的影响。结果显示，随着桑叶粉添加量的增加，饲料中的干物质、粗灰分、粗蛋白、粗纤维、粗脂肪、钙、磷以及能量利用率均呈现下降趋势；与对照组相比，饲粮中添加6%和8%桑叶粉可显著降低扬州鹅的平均日增重（$P < 0.05$），提高仔鹅的料重比；添加2%桑叶粉可在一定程度上增加胸肌厚度，但添加量达到4%时又有所下降；饲料中添加桑叶粉能降低扬州鹅血液中的总胆固醇和甘油三酯含量以及碱性磷酸酶活性；随着

桑叶粉添加量的增加，仔鹅半净膛率有所下降，肝脏重量降低，腹脂率下降。综合上述试验结果，确定扬州鹅日粮中的最佳桑叶粉添加量为4%。

李瑞雪等通过在基础饲粮中添加不同比例的桑叶粉，考察桑叶粉对皖西白鹅生长性能、屠宰性能及肉质的影响。分别给125日龄的皖西白鹅连续50d饲喂含5%、8%、11%桑叶粉的配方饲粮，发现平均日采食量较不添食桑叶粉的对照组均略有增加，但平均日体重增加量极显著降低（$P<0.01$），导致料重比极显著增加（$P<0.01$）；添食桑叶粉的皖西白鹅的屠宰率、半净膛率、全净膛率均高于对照组，其中屠宰率显著高于对照组（$P<0.05$）；添食桑叶粉能极显著降低皖西白鹅的腹脂率（$P<0.01$），对胸肌率和腿肌率的影响不明显（$P>0.05$）；添食桑叶粉可显著降低皖西白鹅肌肉中干物质、粗脂肪、粗蛋白、饱和脂肪酸和不饱和脂肪酸的含量（$P<0.05$），总氨基酸含量也略有降低；除了8%桑叶粉添加组外，其余2个桑叶粉添加组皖西白鹅肌肉中的肌苷酸含量均高于对照组，11%桑叶粉添加组皖西白鹅肌肉中的硫胺素含量比对照组提高52.00%（$P<0.05$）。试验结果初步表明，在饲粮中添加适量桑叶粉可以明显提高皖西白鹅的屠宰性能，增加肉质风味，但还应适当降低桑叶粉的添加量，以改善饲料的适口性。

王永昌选用1008只22日龄清远鹅，分别饲喂含桑叶粉0、3%、6%、9%、12%和15%的等代谢能、等粗蛋白、等粗纤维的饲粮。结果发现，随着桑叶粉使用量的增加，实验鹅末重和ADG呈降低趋势，显著低于对照组，ADFI和F/G显著升高；当用量达12%时，屠宰率显著低于对照组，用量高于6%时，半净膛率和全净膛率显著低于对照组，用量高于3%时，胸肌率和腹脂率显著低于对照组；且不同桑叶粉的使用量显著影响实验鹅的器官重量，6%～15%处理组的心脏、肝脏相对重量显著高于对照组，但绝对重量却显著低于对照组；各处理组法氏囊的绝对重量显著低于对照组，各处理组的胰脏相对重量和绝对重量均显著高于对照组。桑叶粉还能显著影响鹅肠道长度和重量：对照组的各肠段相对长度显著低于各处理组，6%～15%处理组的十二指肠、空肠的绝对长度显著高于对照组，对照组回肠、盲肠及总肠道的绝对长度显著低于各处理组，对肠道的肌层厚度有先降低后增高的趋势，处理组的回肠绒毛高度显著高于对照组。饲粮中使用桑叶粉显著影响了空肠内容物蔗糖酶、淀粉酶及脂肪酶的活性，不影响麦芽糖酶的活性：6%、9%、12%、15%组的蔗糖酶和淀粉酶显著低于对照组；对照组的脂肪酶显著高于各处理组。随着桑叶粉使用量的增加，试验鹅血清GLB呈现先增高后降低的趋势，桑叶粉使用量为6%时，显著高于对照组；试验鹅血清GOT呈现先降低后升高的趋势，3%组显著低于对照组；血清TG含量随饲粮桑叶粉使用量的增加而降低；9%组的血清TC最低，显著低于对照组；15%组的血清HDL-C含量显著高于3%组和12%组。

钱忠瑶等为探明添饲桑叶对鹅肠道菌群结构和生长性能的影响，在皖西白鹅日粮中按质量分数4%添加桑叶粉进行饲喂试验。结果表明，桑叶粉添加组鹅的日增体重极显著低于对照组（$P < 0.01$），料重比极显著高于对照组（$P < 0.01$），日采食量无显著差异（$P > 0.05$）。利用16SrDNA测序的方法对鹅肠道菌的种群组成进行分析，发现拟杆菌门（Bacteroidetes）、厚壁菌门（Firmicutes）和变形菌门（Proteobavteria）是鹅肠道菌门水平的优势菌群。添饲桑叶降低了鹅肠道菌群的多样性，改变了肠道菌群的组成占比，其中厚壁菌门相对丰度极显著降低（$P < 0.01$），拟杆菌门相对丰度显著提高（$P < 0.05$）。日粮中添加桑叶粉可改变鹅的肠道菌群组成，推测可能对鹅营养物质的消化、吸收和代谢造成影响，导致鹅的体重增长速率降低。

从以上结果可以看出，综合考虑生长性能、屠宰性能及血清生化指标等情况，虽然桑叶粉的添加能够改善鹅的肉质与风味，但饲粮中使用大于3%的桑叶粉时，对肉鹅生长出现不利的现象，建议肉鹅饲粮中应慎用桑叶粉。

◆ **主要参考文献** ◆

[1] 常文环, 刘国华, 张姝. 桑饲料对肉鸡生长性能及其血浆尿素氮含量的影响 [J]. 中国饲料, 2006 (18): 35-36.

[2] 和希顺, 李翔, 何瑞国. 糙米型日粮不同蛋白水平对溆浦鹅种鹅产蛋性能的影响 [J]. 中国粮油学报, 2007, 22 (5): 113-118.

[3] 黄静, 邝哲师, 廖森泰, 等. 桑叶粉和发酵桑叶粉对胡须鸡生长性能、血清生化指标及抗氧化指标的影响 [J]. 动物营养学报, 2016, 28 (6): 1877-1886.

[4] 胡骏鹏, 何瑞国, 范卫星. 豆油能量对朗德鹅饲养前期生长性能、血清参数及其相关激素水平的影响研究 [J]. 中国粮油学报, 2008, (1): 131-136.

[5] 贾刚, 王康宁. 肉鸭对氨基酸营养需要的高效利用 [J]. 中国家禽, 2004, 26 (13): 23-24.

[6] 蒋守群, 李龙, 苟钟勇, 等. 黄羽肉鸡营养需要量研究进展 [J]. 动物营养学报, 2020, 32 (10): 4577-4591.

[7] 李瑞雪, 汪泰初, 孟庆杰, 等. 添食桑叶粉对皖西白鹅生长和屠宰性能及肉质的影响 [J]. 蚕业科学, 2015, 41 (3): 542-547.

[8] 兰翠英, 董国忠, 黄先智, 等. 桑叶粉对肉鸡生长性能和屠宰性能及肉质的影响 [J]. 中国畜牧杂志, 2012, 48 (13): 27-31.

[9] 兰翠英, 董国忠, 黄先智. 桑叶粉对蛋鸡生产性能和蛋品质的影响 [J]. 中国饲料, 2011 (19): 40-44.

[10] 林厦菁，苟钟勇，李龙. 饲粮营养水平对中速型黄羽肉鸡生长性能、胴体品质、肉品质、风味和血浆生化指标的影响 [J]. 动物营养学报，2018，30 (2)：4907-4921.

[11] 刘凯. 添加中草药桑树茎叶发酵饲料对绍兴麻鸭产蛋性能的影响 [J]. 中兽医学杂志，2019 (10):7.

[12] 刘美玉，张晓梅，连海平，等. 桑叶饲料添加剂对鸡蛋黄品质的影响 [J]. 食品科学，2013，34 (5):223-227.

[13] 刘小明，曹玉华. 饲料中添加桑叶粉对蛋鸡产蛋性能和鸡蛋品质的影响 [J]. 湖南农业科学，2011，(6)：132-133，136.

[14] 马淑梅，华登科，郭艳丽，等. 饲粮营养水平对黄羽肉鸡生长性能、肉品质和性成熟的影响 [J]. 动物营养学报，2016，28 (1)：217-223.

[15] 闵育娜，侯水生，高玉鹏，等. 5～8周龄肉鹅能量和蛋白质营养需要量研究 [J]. 西北农林科技大学学报，2006，(12)：34-40.

[16] 钱忠瑶，侯启瑞，赵卫国，等. 日粮中添加桑叶粉对皖西白鹅肠道菌群结构及生长性能的影响 [J]. 蚕业科学，2019，45 (6):857-861.

[17] 孙振国，裴来顺桑叶粉对蛋鸡生产性能及蛋品质的影响研究 [J]. 畜牧兽医杂志，2011，30 (5):18-21.

[18] 苏海涯，吴跃明，刘建新. 桑叶中的营养物质及其在反刍动物饲养中的应用 [J]. 中国奶牛，2002 (01):26-28.

[19] 王军，马双马，宋永学，等. 饲料中添加桑叶粉对蛋鸡生产性能的影响 [J]. 沈阳农业大学学报，2007 (06):868-870.

[20] 魏宗友，王洪荣. 不同能量水平对扬州鹅生产性能与屠宰性能的影响 [J]. 上海畜牧兽医通讯，2009，(4)：27-28.

[21] 吴萍，李龙，杨海明，等. 日粮中添加桑叶粉对蛋鸡血液生

化指标及蛋品质的影响 [J]. 饲料工业, 2014, 35 (7): 36-38.

[22] 吴萍, 厉宝林, 李龙, 等. 日粮中添加桑叶粉对黄羽肉鸡生长性能、屠宰性能和肉品质的影响 [J]. 中国家禽, 2007, 29 (7): 13-15.

[23] 吴东, 钱坤, 周芬, 等. 日粮中添加不同比例桑叶对淮南麻黄鸡生产性能的影响 [J]. 家畜生态学报, 2013, 34 (10): 39-43.

[24] 殷海成. 固始白鹅生长期饲料能量蛋白水平研究 [J]. 当代畜牧, 2006, (12): 24-26.

[25] 张春雷, 刘福柱, 侯水生. 育雏期不同能量蛋白质水平对肉鹅生产性能影响 [J]. 中国饲料, 2004, (18): 24-25.

[26] 张雷, 章学东, 李庆海, 等. 日粮中添加桑叶粉对海兰灰蛋鸡的血清蛋白、血脂及蛋品质的作用 [J]. 中国畜牧兽医文摘, 2012 (12): 208-209, 153.

[27] 张晓梅, 任发政, 葛克山. 饲料中添加桑饲料对蛋鸡生产性能和鸡蛋品质的影响 [J]. 食品科学, 2007, 28 (3): 89-91.

[28] 张乃锋, 刁其玉, 王海燕, 等. 桑叶粉对蛋鸡生产性能及蛋品质的影响 [J]. 中国家禽2009, 31 (2): 19-22.

[29] 张妮娅, 蔡江, 徐雪梅, 等. 麻羽肉鸭能量和粗蛋白质适宜水平的研究 [J]. 中国粮油学报, 2008, 23: 2.

[30] 章学东, 李有贵, 张雷, 等. 桑叶粉对蛋鸡生产性能、蛋品质和血清生化指标的影响研究 [J] 中国家禽, 2012, 34 (16): 25-28.

[31] 赵卫国, 孙梦琦, 侯启瑞, 等. 日粮中添加桑叶粉对扬州鹅饲料利用率及生长和屠宰性能的影响 [J]. 蚕业科学, 2019, 45 (3): 386-392.

[32] 周彦文，谭本杰，张磊. 鹅日粮氨基酸平衡对其营养成分表观代谢率的影响 [J]. 中国家禽，2008，14: 23-24.

[33] Bons A. The requirement of amino acid for Pekin ducks from twenty one to fourty nine days old [J]. Anim Frod, 2000, 38 (2): 257-262.

[34] Chen X, Sheng Z, Qiu S, et al. Puri cation, characterization and in vitro and in vivo immune enhancement of polysaccharides from mulberry leaves [J]. PLoS One, 2019, 14 (1):e0208611.

[35] Kerr B J, Ziemer C J, Trabue S L, et al. Manure composition of swine as affected by dietary protein and cellulose concentrations [J]. Journal of Animal Science, 2006, 84 (6):1584-1592.

[36] Recoules E, Sabboh-Jourdan H, Narcy A, et al. Exploring the in vivo digestion of plant proteins in broiler chickens [J]. Poultry Science, 2017, 96 (6):1735-1747.

[37] Tatenoh Y M. Studies on foliage of un-used resources. Effects of mulbbery laves on egg production as a poultry food [J]. bull baraki Perfect Poult Exp Salt, 1999, (33):15-20.

[38] Wang Y M, Zhou J Y, Wang G, et al. Advances in low-protein diets for swine [J]. Journal of Animal Science and Biotechnology, 2018, 9 (4):60.

第七章

桑叶资源与水产养殖

　　以桑叶或其提取物作为功能性饲用添加剂在水产养殖上使用，特别是针对鳜鱼、鲈鱼等肉食性鱼类以冰鲜鱼、野杂鱼饲喂引起的高脂、高血糖症，消化器官负荷严重等，以及近年来，在对肉食性鱼类逐渐转换为人工饲料投喂的过程中，引起的机体免疫力下降、肝胆超负荷等情况，已逐渐显现出较好的预防效果。

一、鱼虾对蛋白质饲料的需求

　　蛋白质是鱼体的主要组成物质，鱼类需要摄入一定量的蛋白质用于维持正常的组织功能，修复损耗组织，累积和形成新的蛋白质用于维持生长和繁殖，同时为鱼体代谢提供能量。蛋白质是鱼类饲料中的重要营养成分，是决定鱼类生长速率的关键因素，饲料中蛋白质含量不足，将导致鱼类的生长减慢甚至停滞。

　　鱼类对饲料蛋白质的需求量较高，约为哺乳动物和鸟类的2.4倍。过高或过低的饲料蛋白质含量均会降低鱼类对饲料蛋白质的利用率，影响鱼类的生长。根据鱼类食性的不同，养殖鱼类可以分为草食性鱼类、肉食性鱼类和杂食性鱼类。鱼类对蛋白质需求量因食性而异，特别是因鱼类将碳水化合物作为能源的利用能力而异。由于草食性和杂食性鱼类可以消耗部分碳水化合物来提供能源，因此对碳水化合物的利用能力也较肉食性鱼类高，所以肉食性鱼类对饲料中蛋白质的需要量相对较高。在同种鱼类中，幼鱼对于饲料蛋白质的需求量要高于成鱼。已有大量学者对鱼类进行的养殖实验表明：大多数鱼类饲料中的适宜蛋白质含量约在25%～55%之间。

　　关于中国对虾蛋白质需要量的研究中，徐新章等对体重为2.87～3.44g的中国对虾的体蛋白、增重率和饵料系数等指标进行综合分析，认为其蛋白质需求量为44%。薛敏等对不同规格的中国对虾幼虾饲料中最佳蛋白能量比进行了研究。结果表明，当饲料中蛋白能量比分别为32.4mg/kJ和34.7mg/kJ时，体重分别为0.368～0.699g和1.025～1.525g的两种规格中国对虾可获得最大增重率、最佳蛋白质效率和最低饵料系数。中国对虾对蛋白质在不同生长期利用率不同，较小规格的对虾对蛋白质利用率比较大规格的对虾要低。吴垠等对平均体重和平均体长分别为0.669g和3.88cm的中国对虾进行饲料蛋白质水平对其生长和消化酶活性影响的研究。结果表明，饲料中蛋白质水平在30%～50%时，中国对虾获得最大生长率和最高成活率。克氏螯虾幼虾配合饲料中适宜的蛋白质含量为29.49%～32.24%，当试验饲料蛋白质含量为31.86%、能量蛋白比为35.85kJ/g时，试验虾获得最大的增重率、最低的饲料系数、最高的蛋白质效率及最大的特定生长率。

但仅凭"鱼类的需要"去决定饲料中蛋白质的含量是不切实际的。饲料蛋白质供应量的判断标准是鱼类对生长所必需的蛋白质或对蛋白质最大积存所必需的蛋白质的最低摄取量。饲料中蛋白质不能直接为鱼类所吸收，必须经消化酶作用，水解成氨基酸后才能被吸收利用。鱼体蛋白由18种氨基酸组成，蛋白质的营养价值实际上取决于它的氨基酸组成。它的组成是否能满足鱼类需要，即氨基酸的组成是否平衡，是衡量饲料蛋白质品质优劣的重要标准。蛋白质的质量好坏决定饲料蛋白转化率，即由饲料蛋白质向鱼肉蛋白的转化程度。鱼种类不同，消化系统的构造也不相同，决定了它们对各营养物质的利用程度也不尽相同，因此对饲料中蛋白质含量的要求也有很大的差异。肉食性鱼类以糖作为能源的能力较低，因此需要较高的蛋白质；草食性鱼类能有效地利用糖作为能源，对蛋白质的需要相对较低；而杂食性鱼类介乎于二者之间。在不同的发育阶段，消化系统及吸收机制的发育差异决定了鱼类对蛋白质需要量的差异：同种鱼随年龄或大小的增加而减少。幼鱼生长迅速且因消化系统尚未发育完全，蛋白质的消化率较低，因此对蛋白质需要量较高。鱼繁殖培育过程中，如果投以高蛋白含量的饲料，则严重影响其怀卵量。鱼类对蛋白质的摄取量随着生活环境中水温的升降、盐度的高低而变化。在适宜水温范围内，水温较高时，鱼类代谢旺盛，对蛋白质的需要量较大。在盐度变化较大的环境，由于调节渗透压需耗能，鱼类需要较高的蛋白质。鱼类对不同饲料原料中蛋白质的利用率是不同的，有的甚至相差很大。饲料蛋白质的质量较好，即饲料蛋白质的氨基酸组成与养殖鱼类要求相适应时，消化利用率较高，蛋白含量可以适当放低，反之则需较高含量。鱼类的营养供给，应该是在不同发育阶段以每公斤体重的营养素和能量的日需要量来表示。饲料蛋白质供应量的判断标准是鱼类对生长所必需的蛋白质或对蛋白质最大积存所必需的蛋白质的最低摄取量，包括能满足鱼类体蛋白动态平衡的需要、最大生长及免疫系统发育的需要，同时还要考虑养殖生产的最大效益在内的饲料中所必需的蛋白质含有量，再根据饲养条件和饲料生产中的各种因素而定。通俗地说，鱼类每天能长多少，我们就给予多少相应的营养。

二、桑叶在鱼虾养殖中的利用方式

1. 利用鲜桑叶直接饲喂

　　鲜桑叶直接饲喂是指将桑树上采摘下来的桑叶直接投喂到鱼塘，供鱼自由采食的方式，适用于草鱼、鳊鱼、小龙虾等草食或杂食性鱼类或虾类。采用鲜桑叶饲喂，可以根据鱼的需要量自行采食，减少桑叶的加工成本，避免加工过程中桑叶的营养及活性物质损失。此种方式适合于种养结合的农业生产模式。以新型"桑基鱼塘"生态种养模式为例，利用塘基种植桑树，桑叶直接饲喂塘鱼，塘泥作为塘基桑树的优质有机肥，从而实现种植与养殖的有机结合，有效促进渔业养殖的可持续发展。

2. 以桑叶粉（桑枝叶粉）添加至配合饲料

　　近年来，桑叶在水产养殖上的应用效果已被广泛认知。我国已发展了多个数千亩的饲料桑种植基地，个别企业还创办了"桑叶猪""桑叶鸡"等优质品牌。这种规模化种植的连片桑园，适宜机械化连枝采收，继而通过"采收-粗粉-烘干-粉碎-包装"的步骤，生产饲用桑叶粉（桑枝叶粉）产品，并通过配方设计添加入畜禽、水产配合饲料中。加工成桑叶粉（桑枝叶粉）是桑

（枝）叶饲用的主要方式，便于控制产品质量、可长期保存、方便长途运输，且可根据不同养殖对象、不同养殖阶段科学配制配合饲料，实现高效健康养殖的目的。

3. 利用微生物发酵后复配使用

桑叶在畜禽水产养殖上都有一定的适用量，饲喂比例过高，容易造成养殖对象腹泻、体重降低、生产性能下降等不利影响。大龄动物较幼龄动物、草食性鱼类或者牛羊较其他鱼类或单胃动物对桑叶的耐受性更高，这主要是由于桑叶中含有单宁、植酸、蒽醌等抗营养因子，以及桑叶中的粗纤维特别是规模化采收后连同桑枝一起饲喂的情况下，影响动物的消化吸收能力。因而，桑叶的使用需要严格控制用量，同时要对饲用桑叶（桑枝叶）进行必要的加工。采用微生物发酵或者"菌-酶"联合协同发酵，是适用于桑叶（桑枝叶）加工的重要方式。发酵方式可以包括将桑叶粉（桑枝叶粉）连同玉米、豆粕、麸皮等碳、氮原料进行发酵，也可以将鲜桑叶（桑枝叶）采收后直接打浆，复配麸皮、豆粕等其他吸水性营养原料，调节至发酵水分在40%～50%，发酵后按使用比例添加入配合饲料中。另外，在桑叶（桑枝叶）发酵时，还可以根据养殖对象的营养需要，复配预混料及其他饲用原料，直接依据与配合饲料相同的营养标准，方便工业化生产中按比例直接投入搅拌机出料制粒，而不需要调整饲料配方。

4. 提取桑叶活性物质作为饲料添加剂使用

桑叶在畜禽水产养殖上的突出效果，主要源于桑叶中的多糖、黄酮、生物碱等活性物质的作用。针对小鱼、小虾阶段或者其他不适合直接饲喂桑叶（桑枝叶）的肉食性鱼类以及高档鱼类等养殖对象，可提取桑叶中的活性物质作为饲料添加剂进行应用。近年来，桑叶活性物质提取以及多种活性物质联合提取工艺较为成熟，采用酶解、热水浸提、醇提、微波、超声等方式都可较好地提取出桑叶中的活性组分。另外，桑叶中的活性组分不仅存在于桑叶中，桑枝、桑根中也十分丰富。因此亦可利用桑枝、桑根进行活性物质提取，特别是利用桑园春伐、夏伐后产生的大量废弃桑枝提取活性物质，且提取后的桑枝可进一步轧制作为木板材使用，达到变废为宝、物尽其用的目的。

5. 将桑叶与中草药组方联合应用

在饲料中禁止使用抗生素的大环境下，中草药及其提取物近几年来快速走向了养殖终端。桑树本是药食同源植物，针对提高水产养殖对象抗应激、保肝护胆、提高机体免疫力等方面的特定应用需求以及治疗疾病等目的，以桑叶为主，复配柴胡、党参、白术、茯苓等中药组方进行科学应用，是促进渔业可持续健康发展的重要方式。

桑叶在水产养殖中效果显著，通过育种及种植技术的改进、饲用加工技术的发展，以及饲用配方技术的优化，其作为饲用原料或功能性添加剂产品在水产养殖中高效稳定应用，生产健康、安全、优质的水产品具有广阔的应用前景。

三、桑叶在水产养殖中的应用

1. 桑叶在鱼类养殖中的应用

罗非鱼是以植物性饵料为主的杂食性鱼类，其对桑叶有较好的适应性。随着桑叶饲用研究的快速发展，近几年常见有桑叶在罗非鱼上应用的报道。杨阳等研究罗非鱼对 5 种不同来源桑叶中营养成分的表观消化率，发现罗非鱼对 5 种桑叶的干物质、粗蛋白质、总氨基酸、粗脂肪和总磷的表观消化率分别为32.9% ～ 56.3%、68.7% ～ 83.7%、69.27% ～ 87.65%、31.8% ～ 63.1%和34.6% ～ 56.9%，其中云南和陕西的两个样品营养物质消化率较好，指出这两种桑叶是罗非鱼较好的植物性蛋白质源。李法见等研究发现，在罗非鱼饲料中添加10%的桑叶对其生长性能无影响，且能极显著降低血清总胆固醇、甘油三酯、低密度脂蛋白胆固醇含量，显著提高血清高密度脂蛋白胆固醇含量，极显著降低肌肉 pH 值的下降速度和滴水损失，表明在罗非鱼饲料中添加桑叶能改善高密度集约化养殖和高能饲料应用造成的脂质代谢紊乱，且具有改善鱼肉品质的作用。沈黄冕等研究发现，在高脂血症罗非鱼饲料中分别添加 7.5%、15.0% 的发酵桑叶，能够剂量依赖性地降低高脂血症罗非鱼的血脂、血糖水平，提高机体的抗氧化能力。另有研究表明，利用桑叶发酵蛋白替代鱼粉进行罗非鱼养殖，可替代 40% 的鱼粉，即在饲料中桑叶发酵蛋白的添加水平为 4% 时不影响罗非鱼的生长，但当替代 80% 的鱼粉，即在饲料中的添加水平为 8% 时会限制罗非鱼的生长。以上研究表明，桑叶可作为罗非鱼的饲料使用，其适宜用量受多种因素影响，其中桑叶的品种、饲料配方组成、鱼体的生理状态等是重要的影响因素。科学利用桑叶进行罗非鱼养殖，具有改善脂质代谢、肉品质、增强机体抗氧化能力等方面的突出效果，这与桑叶中富含多种生物活性组分密切相关。

杨继华等在吉富罗非鱼饲料中添加桑叶黄酮，发现对生长性能没有显著影响，且有提高血清、肝脏抗氧化、抗亚硝酸盐应激的能力。陈冰等的研究结果发现，添加适量桑叶黄酮可以显著提高吉富罗非鱼肌肉抗氧化指标和胶原蛋白含量，改善肌肉氨基酸组成，以300～500mg/kg添加剂量时效果较好。周东来等在草鱼饲料中添加桑叶粉，发现与对照组相比，添加10%桑叶粉显著提高草鱼的脏体指数，但添加不同比例的桑叶粉对草鱼的终末体重、增重率、特定生长率、饲料系数、成活率、肝体指数和肥满度等均无显著影响。饲料中添加5%桑叶粉能够显著提高草鱼背肌的硬度、黏性、咀嚼力和回复性，但对肌肉弹性、内聚力和剪切力无显著影响；而添加10%、15%和20%桑叶粉均能显著降低草鱼背肌的内聚力，但对肌肉硬度、弹性、黏性、咀嚼力和剪切力无显著影响。对试验草鱼背肌中营养物质和风味物质的组成和含量分析的结果显示，饲料中添加10%桑叶粉能显著提高草鱼肌肉中蛋白质、脂肪、呈味氨基酸、必需氨基酸、半必需氨基酸、总氨基酸、肌苷酸、总不饱和脂肪酸和单不饱和脂肪酸的含量，但会显著降低多不饱和脂肪酸的含量；添加其他比例的桑叶粉也能不同程度地改善上述部分营养物质的含量。因此，饲料中添加不超过20%的桑叶粉对草鱼的生长性能没有显著影响，但显著提高草鱼肌肉中蛋白质、肌苷酸、风味氨基酸和不饱和脂肪酸的含量，改善其肉质风味。丁国玉等探究了添加桑叶粉对草鱼幼鱼生长性能的影响，结果表明，与对照组相比，添加发酵桑叶提高了草鱼幼鱼的增重率、特定生长率和饲料效率。其中，发酵桑叶添加量为7.5%时草鱼幼鱼的特定生长率和增重率最大，饲料效率最高，并显著高于对照组；添加不同剂量发酵桑叶对试验鱼的全鱼水分、粗蛋白质以及肌肉粗脂肪含量无显著影响，添加量为10%时，全鱼粗灰分含量最大，全鱼和肝脏的粗脂肪含量最小。添加发酵桑叶对血清葡萄糖无显著影响，但显著降低血清总胆固醇、甘油三酯、谷草转氨酶、谷丙转氨酶、低密度脂蛋白含量。以上结果表明，饲料中添加不超过7.5%发酵桑叶不会影响草鱼的生长和饲料利用效率，添加后有助于草鱼脂类代谢和肝脏健康。

黄鑫等为探究日粮中添加桑叶提取物对鲫鱼的生长性能、饲料利用率、身体组分、血液生化和肝抗氧化活性的影响，配制了添加桑叶提取物含量分别为0、1%、2%、3%和4%的5组等氮等能日粮。在8周的喂养试验中，观察到没有鱼死亡。实验结果显示，桑叶提取物对幼鲫的生长性能和身体组分没有影响，添加不超过3%的桑叶提取物对生长率和饲料利用率有较好的影响。血液生化指标中，1%和2%的添加组呼吸爆发显著增加，试验组的血红蛋白含量明显高于对照组。在2%的添加组中，碱性磷酸酶的含量低于对照组，而试验组的谷草转氨酶含量则高于对照组。随着桑叶提取物含量的增加，甘油三酯的含量随之降低，尤其在添加量为3%和4%的试验组中更低。丙二醛含量随着桑叶提取物添加量的增加而降低，并且在4%的试验组中差异显著，而总抗氧化能力和过氧化氢酶含量则有所增加，特别是在3%和4%的添加试验组中。因此，饲料中桑叶提取物含量≤4%时，对于幼鲫的生长、生理和免疫反应没有任何副作用，同时桑叶提取物添加量为2%～3%时，有益于幼鲫的生长性能、饲料利用率，改善脂质代谢和免疫功能。

赵鹏飞等为研究发酵桑叶对大口黑鲈生长、代谢与抗氧化能力的影响，选用初始体重为11g的大口黑鲈，分别饲喂基础饲料、含10%桑叶的高脂饲料和含10%桑叶的低蛋白饲料8周。结果表明，同基础饲料相比，饲料中添加发酵桑叶显著抑制低蛋白饲料组大口黑鲈的生长，而不影响高脂饲料组大口黑鲈的生长。基础饲料组大口黑鲈血清中谷丙转氨酶（ALT）活性以及甘油三酯（TG）、胆固醇（CHO）和低密度脂蛋白胆固醇（LDL-C）的含量显著高于低蛋白组，与高脂饲料组无显著差异，同时，低蛋白饲料组血清中HDL-C/CHO和HDL-C/LDL-C的比值显著高于基础饲料组和高脂组。试验组大口黑鲈血糖含量显著低于基础饲料组。饲料中添加发酵桑叶显著提高大口黑鲈血清中超氧化物歧化酶（SOD）、过氧化氢酶（CAT）活性以及CAT/SOD值。各组鱼体的水分、粗蛋白、粗脂肪和粗灰分含量无显著差异。由此可见，饲料中添加发酵桑叶会降低大口黑鲈血脂、血糖，增强其机体的抗氧化能力。

高胜男等研究了高脂饲料中添加发酵桑叶对杂交鳢生长性能、体组成及血清生化指标的影响。实验各组投喂在高脂饲料中分别添加0（对照组）、7.5%和15.0%发酵桑叶的试验饲料。试验期8周。结果表明，与对照组相比，15.0%发酵桑叶组杂交鳢的特定生长率（SGR）和蛋白质效率（PER）显著降低，饲料系数（FCR）显著增加；7.5%发酵桑叶组杂交鳢的SGR、PER和FCR无显著差异。各组杂交鳢的摄食率（FR）无显著差异，7.5%和15.0%发酵桑叶组杂交鳢的全鱼粗脂肪含量以及肝体比、脏体比和肠脂比显著降低，15.0%发酵桑叶组杂交鳢的肝脏脂肪含量显著降低。各组杂交鳢的全鱼粗灰分、粗蛋白质以及肌肉脂肪含量均无显著差异；与对照组相比，15.0%发酵桑叶组杂交鳢的血清谷草转氨酶和谷丙转氨酶活性以及总胆固醇、甘油三酯含量显著降低；7.5%和15.0%发酵桑叶组杂交鳢的血液葡萄糖含量显著降低。各组杂交鳢的血清总蛋白含量均无显著差异。由此可见，高脂饲料中添加7.5%发酵桑叶不会影响杂交鳢的生长性能，而添加15.0%发酵桑叶则会抑制杂交鳢的生长，但有利于肝脏健康、改善机体的糖脂代谢。

2. 桑叶在虾类养殖中的应用

王咏梅等研究了桑叶黄酮对凡纳滨对虾生长性能、体成分、血清生化和抗氧化指标的影响，分别投喂在基础饲料中添加0、10mg/kg、50mg/kg、100mg/kg、150mg/kg和300mg/kg桑叶黄酮的实验饲料，饲养50d后测定成活率、生长相关指标、血清生化指标、抗氧化指标及抗低氧胁迫能力。结果显示，饲料中添加桑叶黄酮对凡纳滨对虾成活率、增重率、特定生长率、饲料系数等无显著影响。饲料中添加桑叶黄酮对凡纳滨对虾体成分无显著性影响。添加150mg/kg和300mg/kg桑叶黄酮可显著提高凡纳滨对虾血清谷丙转氨酶和谷草转氨酶活性。桑叶黄酮对凡纳滨对虾肠道黏膜形态和肠道菌群影响的研究结果发现，添加50～300mg/kg的桑叶黄酮，均能显著增加肠绒毛高度，50mg/kg添加量下肠肌层厚度显著增加，且能增加凡纳滨对虾肠道菌群多样性，促进肠道中变形菌门的增殖，抑制放线菌门的增殖；回归分析发现，添加量为137.5mg/kg时弧菌属的相对丰度最高。弧菌属现多被认为是虾肠道的优势益生菌属。因此，饲料中添加50mg/kg桑叶黄酮可促进凡纳滨对虾肠道发育，增加肠道菌群多样性。

◆▶ **主要参考文献** ◀◆

［1］陈冰，杨继华，曹俊明，等.桑叶黄酮对吉富罗非鱼肌肉抗氧化指标及营养组成的影响［J］.淡水渔业，2018，48（3）：90-95.

［2］丁国玉，宋维彦，姚志刚.饲料中添加发酵桑叶对草鱼生长性能、血清生化指标的影响［J］.中国饲料，2019（18）：105-108.

［3］高胜男，马卉佳，徐韬，等.高脂饲料中添加发酵桑叶对杂交鳢生长性能、体组成及血清生化指标的影响［J］.动物营养学报，2017，29（9）：3422-3428.

［4］黄鑫，Laban M S，缪凌鸿，等.喂养桑叶提取物对鲫（Carassius carassius）幼鱼的生长性能、身体组分、生化和免疫反应的影响［C］.第十一届世界华人鱼虾营养学术研讨会论文集.2017.

［5］李爱杰.水产动物营养与饲料学［M］.北京：中国农业出版社，1996.

［6］李法见，杨阳，陈文燕，等.桑叶对罗非鱼生长性能、脂质代谢和肌肉品质的影响［J］.动物营养学报，2014，26（11）：3485-3492.

［7］吴垠，孙建明，周遵春，等.饲料蛋白质水平对中国对虾生长和消化酶活性的影响［J］.大连水产学院学报，2003，18（4）：258-262.

［8］徐韬，彭祥和，陈拥军，等.发酵桑叶替代鱼粉对大口黑鲈生

长、脂质代谢与抗氧化能力的影响 [C] . 第十届世界华人鱼虾营养学术研讨会论文集. 2015.

[9] 薛敏, 李爱杰, 董双林, 等. 中国对虾幼虾饲料中最佳蛋白能量比研究 [J] . 青岛海洋大学学报, 1998, (2):78-85.

[10] 杨阳, 陈文燕, 李法见, 等. 罗非鱼对 5 种不同来源桑叶中营养成分的表观消化率 [J] . 动物营养学报, 2014, 26 (11): 3493-3499.

[11] 杨继华, 陈冰, 黄燕华, 等. 饲料中添加桑叶黄酮对吉富罗非鱼生长性能、体成分、抗氧化指标及抗亚硝酸盐应激能力的影响 [J] . 动物营养学报, 2017, 29 (9):3403-3412.

[12] 周东来, 廖森泰, 黄勇, 等. 饲料中添加桑叶粉对草鱼生长性能和肉质风味的影响 [J] . 广东农业科学, 2021, 48 (4):119-130.

[13] Luid-villasenor I E, Castellanoscer-vantes T, Gomez-gil B, et al. Probiotics in the intestinal tract of juvenile white leg shrimp Litopenaeus vannamei: modulation of the bacterial community [J] . World Journal of Microbiology and Biotechnology, 2013, 29 (2):257-265.

[14] Ren C J, Zhang Y, Cui W Z, et al. A polysaccharide extract of mulberry leaf ameliorates hepatic glucose metabolism and insulin signaling in rats with type 2 diabetes induced by high fat diet and streptozotocin [J] . International journal of biological macromolecules, 2015, 72:951-959.

[15] Tzuc J T, Escalante D R, Herrera R, et al. Microbiota from Litopenaeus vannamei: digestive tract microbial community of Pacific white shrimp (Litopenaeus vannamei) [J] . Springer Plus, 2014, 3:280.

[16] Zeng Z, Jiang J J, Yu J, et al. Effect of dietary supplementation with mulberry (*Morus alba* L.)leaves on the growth performance, meat quality and antioxidative capacity of finishing pigs [J] . Journal of Integrative Agriculture, 2019, 18 (1):143−151.

[17] Zhang Y, Ren C J, Lu G B, et al. Purification, characterization and anti−diabetic activity of a polysaccharide from mulberry leaf [J] . Regulatory toxicology and pharmacology, 2014, 70 (3): 687−695.